Valoración ambiental del viñedo del término municipal de Requena (Valencia)

Mª Begoña Peris Martínez
Ingeniero Agrónomo por la Universidad Politécnica de Valencia
Máster en Procesos Contaminantes y Técnicas de Defensa del Medio Natural por la Universidad Politécnica de Madrid
Máster en Economía Agraria y Medio Ambiente por la Universidad Politécnica de Valencia.

ÍNDICE

-

NECESIDAD DE UNA VALORACIÓN AMBIENTAL

La legislación sobre riesgos ambientales (Ley 26-2007 de Responsabilidad Medioambiental y RD 2090-2008 de Desarrollo de dicha ley) ha puesto de manifiesto la importancia de conocer el valor monetario de los recursos naturales con el fin de restituirlos ante posibles daños, mejorar la sensibilización de la sociedad sobre su importancia y servir a la Administración para valorar y priorizar sus actuaciones.

Por otra parte, el valor del viñedo no es sólo el resultante de su explotación agraria, también tiene un valor generado por otras utilidades, en este sentido, la Organización de las Naciones Unidas para la Educación, la Ciencia y la Cultura (UNESCO) ya ha reconocido el paisaje del viñedo como Patrimonio de la Humanidad (ejemplos son Costa de Amalfi en Italia, Saint Emilion en Bordeaux-Francia, Alto Duero portugués, Tokaj en Hungría y Pico en el archipiélago de las Azores). Por otra parte, otros paisajes de viñedos (entre los que se encuentra el de la DO Utiel-Requena, al que pertenece el viñedo del término municipal objeto de estudio), ya han solicitado a la UNESCO ese reconocimiento, no siendo éstas, como posteriormente veremos, las únicas utilidades del viñedo.

El viñedo del término municipal de Requena, en su totalidad integrado dentro del territorio de la Denominación de Origen Utiel-Requena, genera efectos positivos (no retribuidos) a terceros. Se trata de externalidades positivas (tradicionalmente denominados "beneficios indirectos") como la fijación de dióxido de carbono, efecto cortafuegos, aportación de valor paisajístico y cultural, fijación de la población en zonas con riesgo de abandono, protección contra la erosión, efecto corredor y refugio de fauna y preservación de especies vegetales autóctonas como la variedad Bobal.

Estas externalidades positivas generan ineficiencia, los beneficios privados no consideran los beneficios sociales, en estos casos, el bien se suministra en una cantidad inferior a la deseada y el Gobierno puede intervenir para garantizar la eficiencia internalizando las externalidades positivas, por ejemplo, subvencionando esta actividad. Recordar que la evidencia de externalidades ambientales no retribuidas que repercuten favorablemente en la sociedad, comienzan a valorarse y se materializan en la práctica en España, con la creación en 1.855 del Catálogo de Montes excluidos de la desamortización.

Por otra parte, es importante destacar que las externalidades ambientales tienen un valor pero no un precio debido a la ausencia de mercado al no encontrarse asignados los derechos de propiedad. En estos casos, como ya hemos mencionado, la internalización se puede alcanzar mediante exenciones fiscales o compensaciones.

En este contexto, calcular en unidades monetarias el valor ambiental del viñedo del término municipal de Requena, permitirá contar con un indicador de su importancia en el bienestar de la sociedad, proporcionar un parámetro ante la restitución por posibles daños, compararlo con otros componentes del bienestar, mejorar la sensibilización de la sociedad sobre su importancia real, y servir a la Administración para priorizar sus actuaciones.

OBJETIVO DEL ESTUDIO

Determinar el valor que la sociedad otorga al viñedo del término municipal de Requena y el bienestar aportado mediante encuestas realizadas a expertos (un ingeniero agrónomo, un economista vinculado al término y un residente).

DESCRIPCIÓN DEL ESPACIO A VALORAR

LOCALIZACIÓN

El término municipal de Requena está situado en la Comunidad Autónoma de Valencia, entre la Meseta Castellana y el Mediterráneo, en la zona más occidental de la provincia de Valencia, dentro de la comarca Utiel-Requena, con una extensión de 814,21 km2.

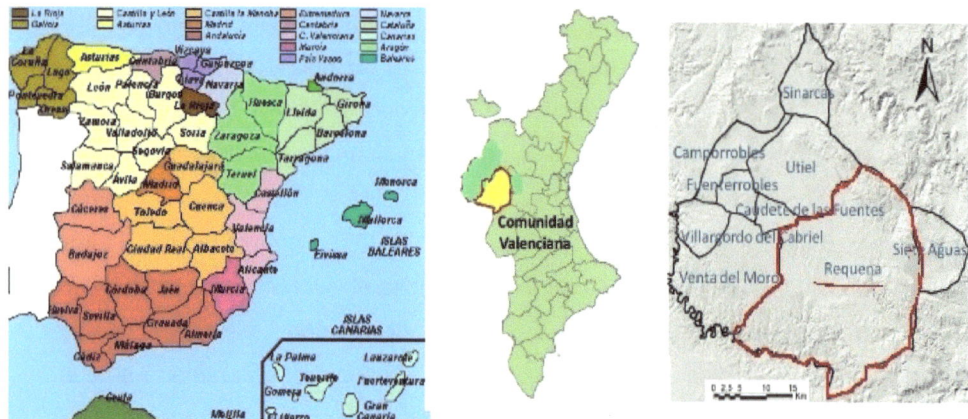

Sus límites municipales son los siguientes: por el norte los municipios de Chelva, Utiel y Loriguilla; por el este Chera, Siete Aguas, Buñol y Yátova: por el sur Cortes de Pallás, Cofrentes, Balsa de Ves, Casas de Ves, Villatoya, Alborea y Casas Ibáñez (los últimos cinco municipios pertenecen a la provincia de Albacete); por el oeste linda con Venta del Moro y Caudete de las Fuentes.

El término municipal de Requena se encuentra compuesto por un núcleo principal y 25 pedanías:

El Azagador, La Portera, Barrio Arroyo, Las Nogueras, Calderón, Los Cojos, Campo Arcís , Los Duques, Casas de Cuadra, Los Isidros, Casas del Río, Los Pedrones, Casas de Soto, Los Ruices, Casas de Eufemia, Penen de Albosa, El Derramador, Roma, El Pontón, San Antonio, El Rebollar, San Juan, Fuen Vich, Villar de Olmos y Hortunas.

Situación de las pedanías o aldeas:

(Fuente: www.aldeasderequena.info)

El término cuenta con 21.557 habitantes y una densidad de población de 26,28 habitantes por kilómetro cuadrado (datos del Instituto Nacional de Estadística, enero del 2012)

CLIMATOLOGÍA

Requena se incluye dentro del clima tipo H (clima del sector central occidental), caracterizado por presentar precipitaciones de alrededor de 450 mm anuales, regularmente repartidas a lo largo de todo el año, excepto el periodo seco estival de julio a agosto. La continentalidad y la altitud afectan a las temperaturas que se reducen notablemente, aumentando la oscilación térmica y las heladas comparándolas con las zonas costeras.

La insolación media anual es de 2.700 h/año. La escasez de lluvias durante la maduración de las uvas permite que el viñedo disponga de muchas horas de sol y muy poco riesgo de enfermedades criptogámicas, con lo que la viticultura practicada en la zona, por sus factores naturales, no requiere de forma habitual tratamientos, considerándose, en este sentido, respetuosa con el medio ambiente.

Según datos del observatorio de la Estación Enológica de Requena, recogidos en la publicación "Diagnóstico Global", la temperatura media anual es de 14°, con una amplitud térmica anual de más de 17°. Los meses más cálidos son julio y junio (24,3 y 24,3 grados, respectivamente, según datos de la serie histórica 1975-2005), las temperaturas mínimas en ningún caso son inferiores a 0 °C.

En el mes de diciembre, la media es de 6 grados centígrados. Los inviernos son largos, fríos y las heladas suelen ser más frecuentes durante este período. La invasión de aire polar continental ha provocado que, en algunas ocasiones, se presenten temperaturas de hasta 15° bajo cero. La estación primaveral se suele retrasar y se acompaña de frecuentes heladas los meses de abril y mayo.

El verano es relativamente corto: no suele sobrepasar los meses de julio y agosto con fuerte calor en las horas centrales del día. Las temperaturas máximas son más elevadas que en el litoral valenciano, aunque la escasa humedad ambiental hace que el calor sea más seco. Cuando el viento predominante es el poniente, la temperatura puede alcanzar los 39° o 40° C. Por las noches suele apreciarse un brusco descenso de las temperaturas, otro rasgo más de la continentalidad de la zona, esto se produce por la entrada de viento llamado Solano o de Levante que comienza a soplar a mitad de la tarde hasta bien entrada la noche. En otoño, las temperaturas sufren un acusado descenso y se producen escarchas y heladas.

Temperaturas medias, media de las mínimas y máximas. Estación de Requena (1975-2005).

°C	ENE	FEB	MAR	ABR	MAY	JUN	JUL	AGO	SEP	OCT	NOV	DIC
Tª media	6,3	8,1	10,6	12,2	15,8	21,0	24,3	24,2	20,5	15,3	9,9	7,0
Media de las máximas	11,1	13,5	17,0	18,3	21,9	27,8	31,7	31,5	27,0	20,8	14,9	11,2
Media de las mínimas	1,5	2,5	4,3	6,1	9,6	14,1	16,8	17,0	13,9	9,7	4,9	2,7

Fuente: Diagnóstico Global de Requena, Tomo V, Agenda 21 Local de Requena

En el siguiente gráfico se muestra la oscilación térmica a lo largo del año, como diferencia entre las medias de las temperaturas máximas y mínimas

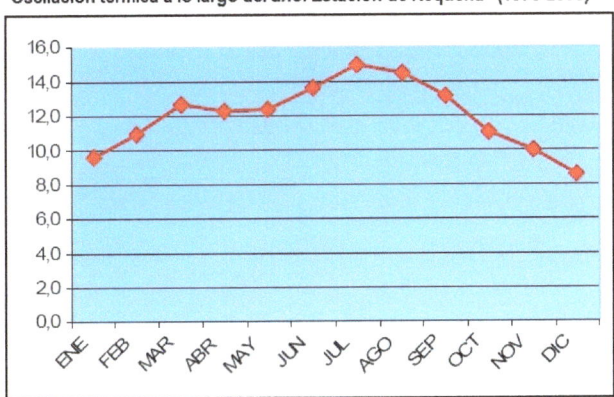

Oscilación térmica a lo largo del año. Estación de Requena (1975-2005)

Fuente: Elaboración PYEMA a partir de datos del INM, 2007

Variables termométricas de la estación de Requena (1975-2005)

Variables	Unidad de medida	valor aproximado
Temperatura media anual	°C	14,6
Temperatura media máxima	°C	20,6
Temperatura media mínima	°C	8,6
Nº medio anual de días de heladaDías	Días	35,8

Fuente "Diagnóstico global, Tomo V", Agencia 21 local

Variables pluviométricas de la estación de Requena (1975-2005)

Variable	Ud. medida	Valor aproximado	
Precipitaciones totales anuales	mm y %	433,6	100,0%
Precipitación media primavera	mm y %	122,8	28,3%
Precipitación media verano	mm y %	63,3	14,6%
Precipitación media otoño	mm y %	139,5	32,2%
Precipitación media invierno	mm y %	108,0	24,9%
Nº medio de días de lluvia al año	días	66,9	
Nº medio de días de nieve al año	días	2,2	
Nº medio de días de granizo al año	días	1,1	
Nº medio de días de rocío al año	días	0,03	
Intensidad diaria media de las lluvias (cociente entre pptn total anual y nº anual de días de pptn)	mm/días pptn	6,5	

"Diagnóstico Global" Tomo V", Agencia 21 Local de Requena

Los días de nieve y granizo no son muy frecuentes en Requena (2 y 1 día de promedio, respectivamente). Los días de rocío son casi inexistentes (0,03 de media para todo el período estudiado).

El régimen de vientos determina en parte el clima de la zona, siendo más fuertes en invierno que en el resto de las estaciones. En verano predominan los vientos de componente Este. El relieve contrastado debido a la disposición de sierras, valles, cubetas y altiplanos, no es favorable a la penetración de la influencia marítima.

Altimetría:

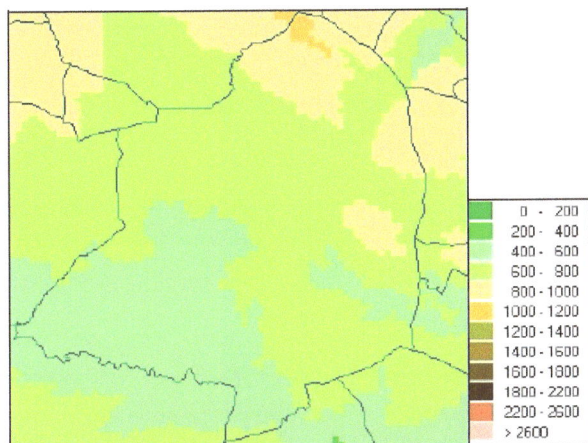

	0 - 200
	200 - 400
	400 - 600
	600 - 900
	800 - 1000
	1000 - 1200
	1200 - 1400
	1400 - 1600
	1600 - 1800
	1800 - 2200
	2200 - 2600
	> 2600

Fuente: SIGH Ministerio Agricultura, Pesca y Alimentación, 2007.

UNIDADES AMBIENTALES

El mapa geocientífico refleja los diferentes ambientes del término municipal de Requena, en función de características climáticas y morfoestructurales a gran escala:

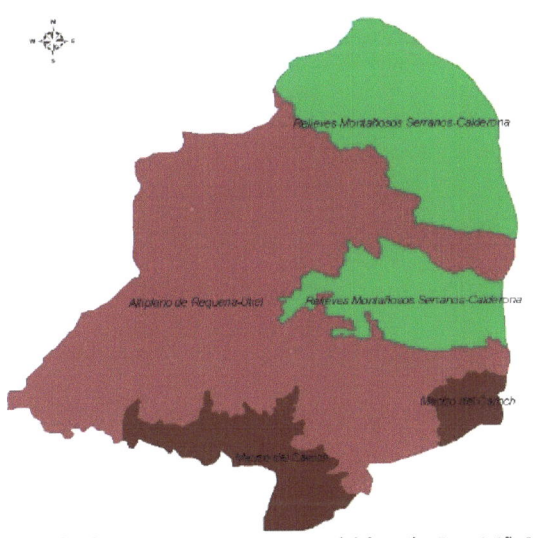

Fuente: Plan General de Requena, memoria informativa, Tomo 1, Año 2008

Ambiente "Relieves Montañosos Serranos- Calderona": Serranías ibéricas formadas por relieves mesozoicos acusados, litología diversa (calizas, dolomías y margas, areniscas y arcillas). Morfología compuesta por crestas de orientación NO-SE separando valles con laderas muy abruptas, y de pendientes en general acusadas.

El clima es meso-mediterráneo seco, con temperaturas medias anuales entre 13° y 16°. La precipitación media anual entre 450 y 550 mm, con una amplitud térmica entre 14 y 19°.

La vegetación actual, en este ambiente, está compuesta por algunos cultivos de secano y repoblaciones forestales, siendo la formación característica de la vegetación potencial el carrascal subcontinental valenciano.

Dentro de este ambiente, Requena se encuentra en el subambiente correspondiente a la **Sierra Tejo- Negrete**, *formada* por un anticlinorio de directriz ibérica, con cabalgamientos en los bordes, donde predominan materiales carbonatados jurásicos y cretácicos. El clima en este subambiente es el Meso-supramediterráneo.

Ambiente "Altiplano Requena-Utiel": Llanura de Requena- Utiel que enlaza con la meseta interior en el límite oriental de la manchega, atravesada parcialmente por los ríos Cabriel y Magro y sus diferentes afluentes, Se caracteriza por emerger algunos relieves mesozoicos. Litológicamente está formado principalmente por costra caliza mio-pliocena, sobre potentes materiales detríticos, localmente calcáreos y yesíferos. El clima es termomediterráneo seco, presenta cultivos de secano con huertas en fondos de valle. La vegetación potencial corresponde a carrascal litoral (***Rubio-Quercetum rotundifoliae y Bupleuro-Quercetum rotundifoliae pistacietosum lentisci***).

Ambiente "Macizo del Caroch". Plataforma carbonatada surcada por una profunda red de drenaje impuesta por el cañón del río Júcar, que lo atraviesa en su parte septentrional, surcada por una amplia depresión de N a S en su parte occidental.

Respecto a la litología, está compuesta por materiales mesozoicos como las dolomías y calizas cretácicas (rocas predominantes). También aparecen pequeñas intercalaciones de materiales detríticos del Cretácico inferior, que aumentan de espesor hacia el SO. Destacan algunos afloramientos de calizas y margas jurásicas, también aparecen materiales cenozoicos predominantemente detríticos, con escasos niveles carbonatados. Morfológicamente, es una extensa plataforma carbonatada subtabular con los bordes plegados, rotas por profundas depresiones (Canal de Navarrés o Valle de Ayora) ocupadas por los materiales triásicos competentes. Se encuentra surcadas por profundos valles en V que culminan en el cañón del Júcar, excavados a expensas de una fosa tectónica.

El clima en este ambiente es mesomediterráneo seco, con temperatura media anual inferior a 17º y amplitud térmica muy variable. La precipitación media anual se encuentra comprendida entre 450 y 600 mm.

La vegetación actual se encuentra compuesta por repoblaciones de coníferas, matorral, cultivos de secano y huerta. Siendo las formaciones potenciales de esta zona el carrascal subcontinental valenciano (***Rubio- Quercetum rotundifoliae ...***) y el carrascal sublitoral valenciano con fresno (***Bupleuro- Quercetum rotundifoliae ulicetosum parviflorae***).

LITOLOGÍA, GEOLOGÍA

Las zonas más abruptas son la Sierra de Juan Navarro y la cuenca del río Cabriel. En el término municipal predominan los materiales Cenozóico, apareciendo también materiales del Cretácico y del Terciario.

En cuanto a la edafología del municipio, en la llanura mesetaria en la que se encuentra el término municipal de Requena se pueden encontrar diferentes tipos de suelos:

* Fluvisoles: suelos poco evolucionados que se desarrollan a partir de depósitos aluviales. Reciben aportes de nuevos materiales en intervalos regulares

En Requena, se encuentran en las terrazas aluviales y pequeñas llanuras de inundación del río Magro. Se caracterizan por poder alcanzar una elevada productividad y por este motivo son destinados a cultivos de huerta y de regadío.

*Regosoles: suelos desarrollados sobre materiales no consolidados, exceptuando los materiales que tienen textura gruesa o que muestran propiedades flúvicas. Son de escaso desarrollo edáfico con tendencia a la erosión debido al material no consolidado.
En el municipio, los localizamos en Los Isidros.

* Leptosoles: son limitados por roca coherente continua o por material calcáreo cementado a 30 cm de la superficie.

* Cambisoles: se distinguen cuatro subunidades según la naturaleza del material de origen. En Requena se presentan tres de ellas:
-Cambisoles eútricos: en la Sierra de Monterilla, al Norte del río Cabriel. Esta zona está dominada litológicamente por arcillas y yesos del Keuper de carácter no calcáreo.
-Cambisoles calcáreos: localizados en el Barranco de Los Álamos y en San Antonio. En el caso de San Antonio destaca el alto grado de antropización, reflejado por los altos contenidos en materia orgánica y nitrógeno mineral.
-Cambisoles crómicos: situados en la Umbría de Los Rodenos, presentan un horizonte B cámbico de color pardo rojizo, por lo que se caracterizan de forma visible.

* Calcisoles: se caracterizan por la acumulación de carbonato cálcico.
Estos suelos los encontramos en El Sardinero y Ganancienda, así como al

Norte de San Antonio en el paraje del Vallejo del Gamonar.

* Kastanozems: presentan un horizonte móllico de 35 a 55 cm de espesor descansando sobre material coluvial calizo o sobre roca caliza consolidada. En la zona de estudio se ha descrito la subunidad Kastanozems lúvicos en la Sierra de Juan Navarro.

* Luvisoles: suelos con un horizonte argílico, se encuentran al Suoeste del término municipal de Requena.

Mapa litológico:

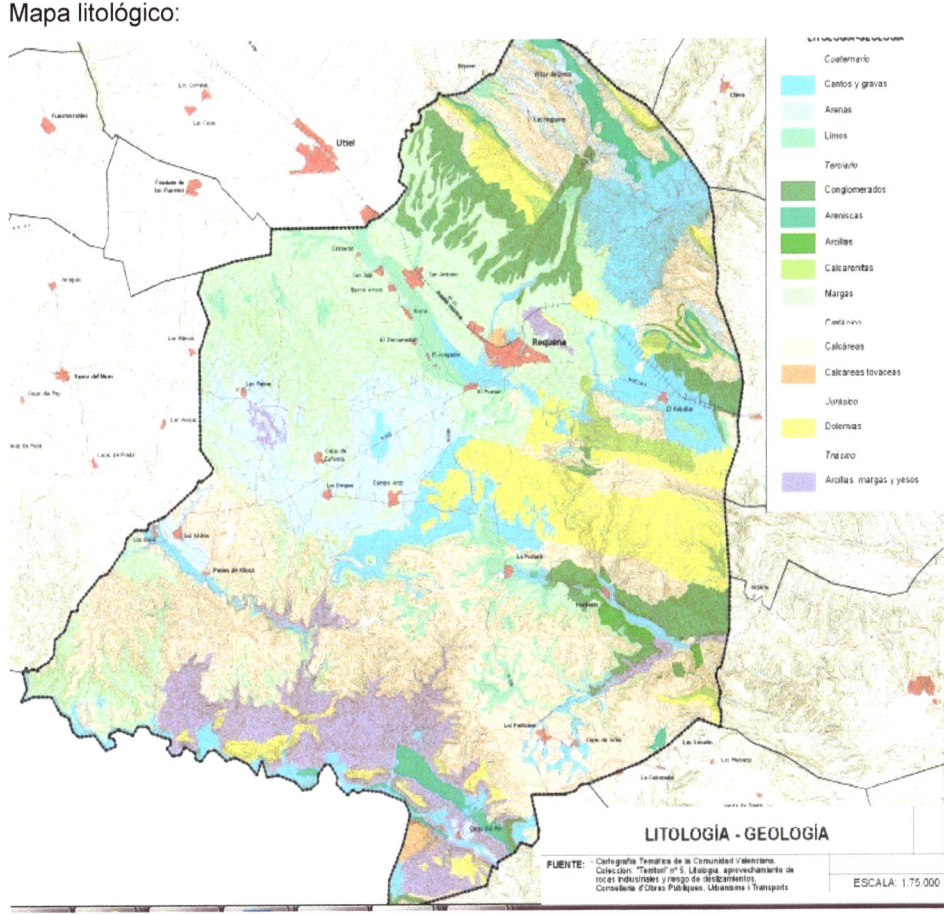

Fuente: Plan General de Requena, Información Pública.

EROSIÓN ACTUAL

Tomando como fuente el "Plan General de Requena, Memoria informativa, Tomo 1, 2008", nos encontramos con áreas con la siguiente clasificación de "erosión actual":

-"Muy bajo": "Aluvial del Magro", "Aluvial de la Rambla Albosa" y "Aluvial del río Magro en Hortunas"

-"Bajo": "Glacis de la Sierra de Utiel", "Glacis de Campo Arcís", "Glacis del Collao de Cruz de Cofrentes","Arcillas, margas, conglomerados y calizas de las Mulatillas", "Margas arcillosas, conglomerados y areniscas del Cerro de las Hostias", "Arcillas, margas y conglomerados del Rebollar", "Arcillas, margas, conglomerados y calizas de la Plana","Cauces y terrazas del río Cabriel" y "Travertinos del Moro"

-"Moderado" :"Dolomías y calizas del Pico Ropé-Cerro Agul.", "Calizas, dolomías y areniscas de la Sierra del Tejo", "Calizas, dolomías y margas de la Sierra de las Cabrillas", "Areniscas y arcillas de Arroyo Malen", "Dolomías de Requena", "Dolomías del Collao de las Arenas", "Dolomías del barranco de los Morenos", "Calizas, dolomías y margas de la Sierra de Martés", "Calizas, dolomías y margas del río Magro", "Conglomerados, areniscas y arcillas de Viñuelos" y "Conglomerados, arenas y arcillas de Cofrentes-Teresa".

-"Muy elevado": "Arcillas y yesos de Rambla Albosa-Barranco de los Morenos", "Arcillas y yesos de la rambla de Juan Vich", "Arcillas y yesos de Contreras", "Arcillas y yesos de Fuente de los Juncos", "Arcillas, yesos y dolomías del Collado Ladrones", "Arcillas y yesos de la Sierra de la Monterilla" y "Arcillas y yesos de la Mota".

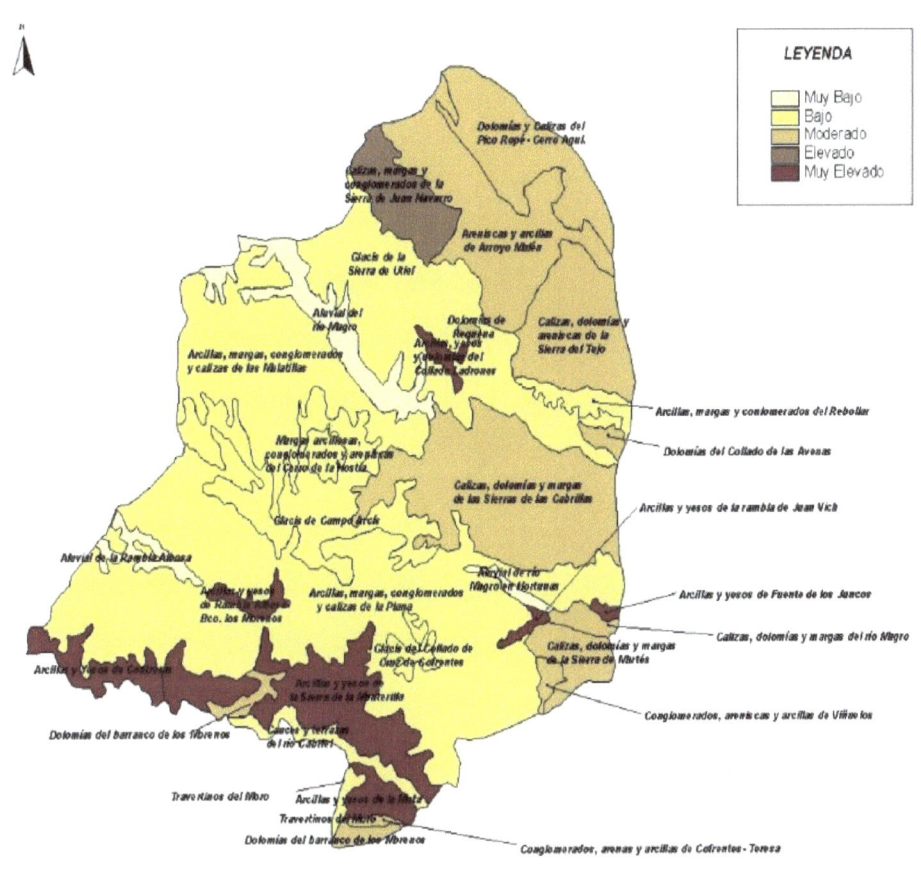

LEYENDA
- Muy Bajo
- Bajo
- Moderado
- Elevado
- Muy Elevado

Fuente: Plan General de Requena. Memoria informativa -Condiciones geográficas

VEGETACIÓN Y USOS DEL SUELO

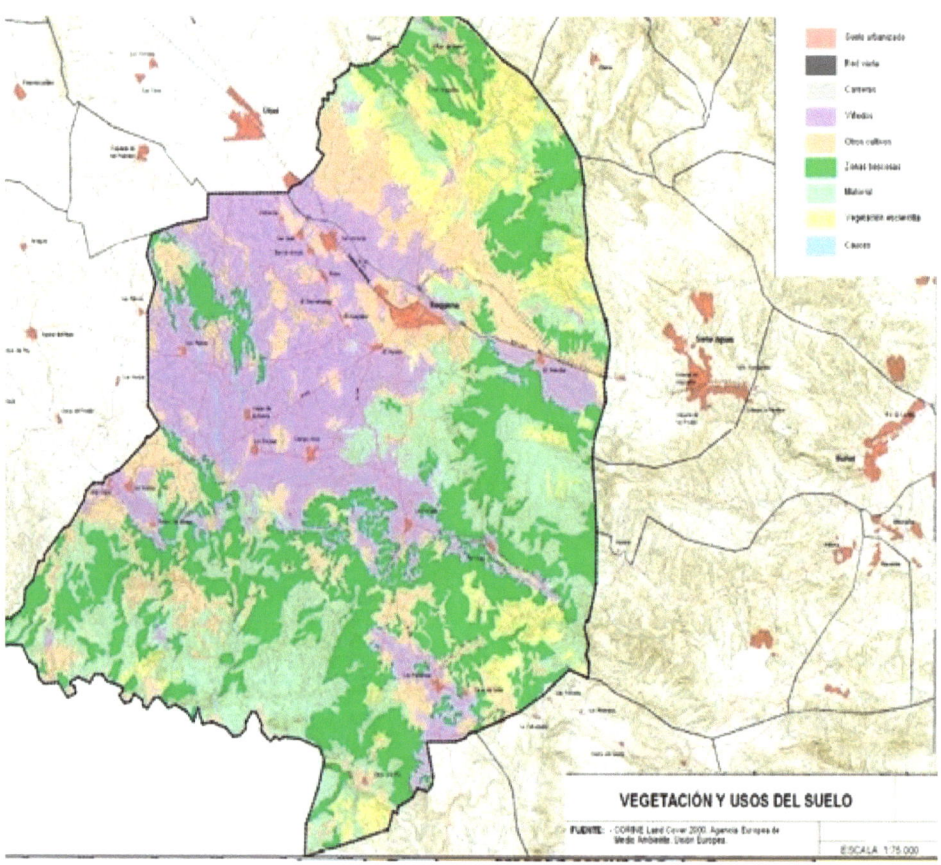

Contrastado los mapas de vegetación y usos del suelo con el de erosión actual, se deduce que en las zonas donde predomina el cultivo del viñedo la erosión es baja.

CAPACIDAD DEL SUELO

Fuente: .Diagnóstico Ambiental de Requena., Tomo V: Diagnóstico Global 18

Capacidad de uso del suelo (1992)

No cuantificada
Muy elevada. Clase A
Elevada. Clase B
Moderada. Clase C
Baja. Clase D
Muy baja. Clase E

La capacidad de usos del suelo se establece mediante un orden jerárquico decreciente de clases, subclases y unidad de capacidad de uso.

De esta forma, en Requena se presentan:

* Clase B (Elevada): en la cuenca del río Magro, situándose aguas arriba de Requena hasta dicha población, así como dos pequeñas áreas, una al Sur del término municipal y la otra situada hacia el Oeste.

* Clase C (Moderada): principalmente en el Oeste y Noroeste. También se encuentran áreas hacia el Este, coincidentes con el trazado de la A-3, también hacia el Suroeste, coincidiendo con el trazado de la carretera nacional N-330. Esta clase de uso de suelo es la segunda en amplitud.

* Clase D (Baja): La más extensa en el municipio. Se extiende principalmente por el Norte, Sur y Este.

* Clase E (Muy Baja): Se encuentran diversas áreas de esta clase tanto al Norte como al Sur del municipio, y en la cuenca del río Magro.

En general, la capacidad de uso del suelo en Requena es baja y moderada. Por otra parte, en el término municipal de Requena predominan las siguientes orientaciones de uso agrícola:

• Protección (P): en las zonas de suelos tipo D y E con pendientes pronunciadas. En este caso, cualquier acción regresiva sobre la cobertura vegetal traería consigo un elevado incremento en la tasa de pérdida de suelo.

• Uso Forestal Condicionado (UFC): se encuentra en gran parte del término municipal, se corresponde con las zonas forestales ubicadas en las Sierras que rodean la meseta donde se encuentra ubicada la ciudad de Requena. Las posibilidades de utilización para esta categoría de suelo son variadas: explotación de monte bajo y forestal, desarrollo de la vegetación natural, bosque de recuperación, pastoreo restringido, uso recreativo, etc.

• Agrícola Restringido (/a/): esta orientación de uso agrícola pertenecen los suelos correspondientes con la clase C, moderada capacidad de uso, se encuentra, principalmente, al Oeste y Noroeste del término. En esta zona se recomienda su uso para cultivos de secano poco exigentes y resistentes a condiciones adversas.

• Agrícola moderadamente intensivo (a): A este tipo pertenecen los suelos de clase B, alta capacidad de uso. Las limitaciones más importantes que pueden afectar a su uso están indicadas a nivel de subclase o unidad de capacidad de uso.

> La mayor extensión de viñedo se encuentra en zonas catalogadas de baja capacidad de uso (clase D), encuadradas en zona de protección (P), es decir, zonas en la que cualquier acción regresiva sobre la cobertura vegetal llevaría consigo un incremento de la pérdida de suelo.

Esto último queda reflejado en la Orden 4/2011de 16 de noviembre de la Consellería de Agricultura, Pesca, Alimentación (que modifica la Orden 2/2011, de 24 de agosto por la que se aprueba el reglamento y pliego de condiciones de la Denominación de Origen Protegida Utiel-Requena y su consejo regulador), donde señala: "los viñedos ejercen un papel de soporte del terreno y suponen el freno a su erosión".

HIDROLOGÍA E HIDROGEOLOGÍA.

Dentro de la hidrología vamos a distinguir entre la hidrología superficial y la subterránea:

HIDROLOGÍA SUPERFICIAL.

En cuanto a la hidrología superficial, el término municipal de Requena se encuentra dentro del sistema nº 5 de explotación del Júcar y cuenta con varios cauces de aguas permanentes que atraviesan su término municipal, el río Magro, el río Cabriel y el río Reatillo. El principal cauce es el río Magr ,río poco caudaloso que recientemente se ha visto sometido a un proceso de descontaminación denominado biorremediación.

El río Magro ha recibido históricamente vertidos urbanos e industriales sin depurar. En los últimos años, la construcción de EDAR´s en las poblaciones que vierten a su cauce han mejorado la calidad de sus aguas.

Los contaminantes aportados por los vertidos al caudal del río sedimentaron a lo largo de su recorrido, quedando retenidos en los lodos del lecho del cauce fluvial. Todo ello supone un grave problema para la recuperación del ecosistema, siendo esta acumulación de lodos en el lecho (algunos de ellos contaminados con metales pesados) el principal problema, y su eliminación ha

constituido el principal objetivo del Proyecto de Regeneración Medioambiental del lecho del río Magro desde Caudete de las Fuentes hasta el Embalse de Forata (Fase I).

HIDROLOGIA SUBTERRÁNEA.

Tomando como fuente de información la publicación "Diagnóstico Global-Tomo V- Agenda21", el término municipal de Requena pertenece al Sistema Acuífero nº 53 que abarca una superficie de 3.100 Km2. El sistema se halla dividido en tres subsistemas en función de la existencia de tres dominios tectónicos y sedimentológicos con claras implicaciones hidrogeológicas. Estos subsistemas son:

-Subsistema acuífero de Las Serranías. 08.18.

-Subsistema acuífero de la Plana Utiel-Requena. 08.24.

-Subsistema acuífero de Buñol-Casinos. 08.23.

El término municipal se sitúa entre dos unidades hidrogeológicas o subsistemas acuíferos, el 08.24 (Utiel-Requena), y muy parcialmente al norte al 08.18 (Las Serranías). El 74% del término municipal de Requena pertenece a la U.H. 08.24 y el 22,66% a la U.H.08.18.

La alimentación y recarga se produce prácticamente por la infiltración del agua de lluvia caída sobre sus materiales permeables, mientras que las salidas del acuífero se realizan fundamentalmente al río Júcar a través de los diversos manantiales que jalonan el curso del río.

El agua es usada fundamentalmente para uso agrícola, uso urbano e industrial. En cuanto a los piezómetros, en Requena se localizan dos: 08.24.005, 08.24.010. Para conocer la calidad de las aguas, se dispone de dos puntos de control, situados uno en cada piezómetro, que miden conductividad, contenido de amonio, bicarbonatos, sulfatos, nitratos, cloruros, y amonio.

Medición conductividad, punto de control 08.24.026. (2002-2004).

PARÁMETRO	FECHA	VALOR		VALORES LÍMITE
Conductividad a 25°C	16-may-02	623		Excelente (<1000)
Conductividad a 25°C	18-nov-02	653		Buena (1000-1500)
Conductividad a 25°C	13-may-03	659		Media (1500-2500)
Conductividad a 25°C	11-nov-03	661		Escasa (2500-5000)
Conductividad a 25°C	17-may-04	652		Deficiente (>2500)
Conductividad a 25°C	27-oct-04	692		

Fuente: Confederación Hidrográfica del Júcar, 2007.

Mediciones de amonio (mg/L) en el punto 08.24.029, (2002-2003).

PARAMETRO	FECHA	DATOS	PARAMETRO	FECHA	DATOS		VALORES LÍMITE
Amonio (mg/l NH4)	06-oct-87	0	Amonio (mg/l NH4)	14-oct-95	0		Muy bueno (<0,5)
Amonio (mg/l NH4)	10-nov-88	0	Amonio (mg/l NH4)	07-may-96	0		Buena (0,5-1)
Amonio (mg/l NH4)	03-jun-89	0	Amonio (mg/l NH4)	07-oct-96	0		Media (1-2)
Amonio (mg/l NH4)	10-oct-89	0	Amonio (mg/l NH4)	21-oct-97	0		Escasa (2-4)
Amonio (mg/l NH4)	28-may-91	0,13	Amonio (mg/l NH4)	02-may-98	0		Deficiente (>4)
Amonio (mg/l NH4)	07-feb-92	0,39	Amonio (mg/l NH4)	01-oct-98	0		
Amonio (mg/l NH4)	14-may-92	0	Amonio (mg/l NH4)	15-may-99	0		
Amonio (mg/l NH4)	14-oct-92	0,03	Amonio (mg/l NH4)	19-oct-99	0		
Amonio (mg/l NH4)	16-sep-93	1,83	Amonio (mg/l NH4)	19-ene-00	0		
Amonio (mg/l NH4)	25-oct-93	0,01	Amonio (mg/l NH4)	04-may-00	0		
Amonio (mg/l NH4)	11-may-94	0,05	Amonio (mg/l NH4)	10-nov-00	0		
Amonio (mg/l NH4)	08-may-95	0,05					
Amonio (mg/l NH4)	14-oct-95	0					

Fuente: Confederación Hidrográfica del Júcar, 2007.

Evolución concentración de Bicarbonatos (mg/L), en el punto 08.24.026.

PARÁMETRO	FECHA	VALOR
BICARBONATOS	16-may-02	218
BICARBONATOS	18-nov-02	242
BICARBONATOS	13-may-03	235
BICARBONATOS	11-nov-03	242
BICARBONATOS	17-may-04	238
BICARBONATOS	27-oct-04	240

Fuente: Confederación Hidrográfica del Júcar, 2007.

. Concentración de nitratos (mg/L), punto 08.24.029, (1985-2000).

PARÁMETRO	FECHA	VALOR	PARÁMETRO	FECHA	VALOR	VALORES LÍMITE
NITRATOS	20-feb-85	20	NITRATOS	04-nov-94	16	Excelente (<20)
NITRATOS	07-oct-85	18	NITRATOS	08-may-95	14	Buena (20-25)
NITRATOS	28-may-86	37	NITRATOS	14-oct-95	5	Media (25-40)
NITRATOS	06-oct-87	19	NITRATOS	07-may-96	16	Escasa (40-50)
NITRATOS	10-nov-88	13	NITRATOS	07-oct-96	16	Deficiente (>50)
NITRATOS	03-jun-89	19	NITRATOS	21-oct-97	16	
NITRATOS	10-oct-89	13	NITRATOS	02-may-98	14	
NITRATOS	28-may-91	14	NITRATOS	01-oct-98	14	
NITRATOS	07-feb-92	21	NITRATOS	15-may-99	27	
NITRATOS	14-may-92	13	NITRATOS	19-oct-99	13	
NITRATOS	14-oct-92	13	NITRATOS	19-ene-00	13	
NITRATOS	16-sep-93	12	NITRATOS	04-may-00	14	
NITRATOS	25-oct-93	15	NITRATOS	10-nov-00	15	
NITRATOS	11-may-94	16				

Fuente: Confederación Hidrográfica del Júcar, 2007.

. Concentración de sulfatos (mg/L), punto 08.24.026 (1985-2000).

PARÁMETRO	FECHA	VALOR	PARÁMETRO	FECHA	VALOR
SULFATOS	20-feb-85	41	SULFATOS	08-may-95	18
SULFATOS	07-oct-85	43	SULFATOS	14-oct-95	77
SULFATOS	28-may-86	13	SULFATOS	07-may-96	38
SULFATOS	06-oct-87	38	SULFATOS	07-oct-96	48
SULFATOS	10-nov-88	38	SULFATOS	21-oct-97	38
SULFATOS	03-jun-89	37	SULFATOS	02-may-98	50
SULFATOS	10-oct-89	40	SULFATOS	01-oct-98	67
SULFATOS	28-may-91	49	SULFATOS	15-may-99	131
SULFATOS	07-feb-92	20	SULFATOS	19-oct-99	36
SULFATOS	14-may-92	28	SULFATOS	19-ene-00	36
SULFATOS	16-sep-93	148	SULFATOS	04-may-00	13
SULFATOS	25-oct-93	52	SULFATOS	10-nov-00	54
SULFATOS	11-may-94	38			
SULFATOS	04-nov-94	24			

Fuente: Confederación Hidrográfica del Júcar, 2007.

Concentración de cloruros (mg/L), punto 08.24.029, (1985-2000).

PARÁMETRO	FECHA	VALOR	PARÁMETRO	FECHA	VALOR
CLORUROS	20-feb-85	35	CLORUROS	11-may-94	35
CLORUROS	07-oct-85	24	CLORUROS	04-nov-94	26
CLORUROS	28-may-86	30	CLORUROS	08-may-95	22
CLORUROS	06-oct-87	31	CLORUROS	14-oct-95	19
CLORUROS	10-nov-88	25	CLORUROS	07-may-96	35
CLORUROS	03-jun-89	21	CLORUROS	07-oct-96	36
CLORUROS	10-oct-89	22	CLORUROS	21-oct-97	36
CLORUROS	28-may-91	24	CLORUROS	02-may-98	35
CLORUROS	07-feb-92	23	CLORUROS	01-oct-98	25
CLORUROS	14-may-92	23	CLORUROS	15-may-99	22
CLORUROS	14-oct-92	32	CLORUROS	19-oct-99	33
CLORUROS	16-sep-93	36	CLORUROS	19-ene-00	33
CLORUROS	25-oct-93	30	CLORUROS	04-may-00	25
			CLORUROS	10-nov-00	27

VALORES LÍMITE: Muy bueno (<50); Bueno (50-200); Aceptable (200-500); Deficiente (500-1000); Malo (>1000)

Fuente: Confederación Hidrográfica del Júcar, 2007.

Del resultado de los análisis, se deduce que, durante el periodo de toma de datos (1985-2000), **la conductividad del agua era catalogada de excelente (valores menores de 1000 µS/cm),** con baja concentración de amonio, (inferiores a 0.5 mg NH4/L), buena concentración de bicarbonatos (medidos en mg/l HCO3, no siendo superior a 300 mg/L ni inferior a 100 mg/L), concentración de nitratos por debajo de los valores límite, concentración máxima de sulfatos de 250 mg/L SO4, y respecto a la concentración de cloruros, las aguas del punto de muestreo no sobrepasaron los 50 mg/L.

De los datos analizados, se desprende un buen estado en la calidad de los acuíferos hasta el año 2000, y el viñedo ya estaba consolidado en el término Recordemos que el viñedo del término es, fundamentalmente, de secano.

Así mismo, el Decreto 218/2009 de 4 de diciembre de la Generalittat Valenciana , designa los municipios vulnerables a la contaminación de las aguas por nitratos procedentes de fuentes agrarias, y entre ellos no se encuentra el término municipal de Requena.

Por último, en la actualidad existen mecanismos que permiten practicar una agricultura, en este sentido, no contaminante. Debemos recordar que la Unión Europea , con el fin de evitar contaminación por nitratos de origen agrario, desarrolló la Directiva 91/676/CEE del 12 de Diciembre, transpuesta por el RD 261/96 de 16 de febrero, la cual establece, entre otras medidas, las necesarias para prevenir la contaminación de las aguas causadas por nitratos de origen agrario y que en la Comunidad Valenciana se aprobó la Orden 29 de marzo del 2000 (Código Valenciano de Buenas Prácticas Agrarias) así como la Orden 12 de Diciembre de 2008 de la Consellería de Agricultura, Pesca y Alimentación, que establece el Programa de Actuación sobre las Zonas Vulnerables designadas en la Comunidad Valenciana, señalando, también para el caso del viñedo : fertilizantes recomendados, dosis, períodos de aplicación, y especificaciones para efectuar el riego.

VEGETACIÓN Y FAUNA

VEGETACIÓN

La superficie forestal en el término municipal ocupa, aproximadamente, 48.486,73 ha, con predominio de suelo forestal arbolado natural, (43.438,65 ha), siguiéndole la superficie ocupada por matorrales (3.604,20 ha). El resto de suelo ocupado por otro tipo de suelo forestal no alcanza las 1.000 ha

La mayor parte la presenta formaciones de pinos y frondosas, siendo la asociación más común y extendida el Quercetum rotundifoliae, carrasca de hojas cortas y redondeadas.

En los montes, la encina (*Quercus rotundifolia*) aparece asociada y prácticamente sustituida por el pino carrasco (Pinus halepensis) formando extensos bosques en las umbrías de las Sierras de Juan Navarro, Tejo, y lomas y muelas calizas (se extienden entre Hortunas y Los Isidros, alternando con paisaje de viñedos, almendros y olivos).

Respecto a las variedades laricio o negral (*Pinus clusiana*) y rodeno (*Pinus pinaster*), se encuentran contados ejemplares próximos al río Magro. Otras especies con representación son los enebros (*Juniperus oxycedrus*), las sabinas (*Juniperus Thurifera*) y la coscoja (*Quercus coccifera*).

El sotobosque de matorral se encuentra formado principalmente por espliego (*Lavandula angustifolia*), romero (*Rosmarinus officinalis*), tomillo (*Thymus vulgaris*) y algunas otras especies que aparecen de forma puntual. Estas formaciones definen el paisaje en algunas zonas como los cerros de la Serratilla, los más desprovistos de vegetación arbórea, y en los que crece igualmente el esparto (*Stipatenacíssima*). En las zonas montañosas con altura superior a los 1.000 metros existe un matorral de Xeroacanthion pinchudo y globular, *Erinacea anthyllis* y *Genista scorpius*.

En los barrancos y márgenes de los ríos, en alturas inferiores a los 500 m, se encuentra la adelfa (*Nerium oleander*), el taray (*Tamarix gallica*) y el regaliz (*Glycirrhynaglabra*).

En fuentes y lugares con agua estancada, se puede encontrar juncos (*Scirpus holoschoenus*) y carrizos (*Phragmites communis*). En acequias y deslindes de las parcelas de la huerta se alinean álamos y chopos. El olmo (*Ulmus carpinifolia*) es otro elemento representativo del paisaje agrario, se encuentra en casi todas las casas de labor junto a fuentes y pozos . Más escasos son los madroños (*Arbustus unedo*), siempre sobre suelos ácidos.

La vegetación potencial del municipio se encuentra compuesta, principalmente, por dos formaciones principales: por un lado el carrascal subcontinental valenciano (*Bupleuro- Quercetum rotundifoliae ulicetosum parviflorae*) y por otro el carrascal sublitoral valenciano (*Bupleuro- Quercetum rotundifoliae ulicetosum parviflorae*).

La degradación de estos bosques conduce a la sustitución de estas formaciones por coscojares con lentiscos (*Querco-lentiscetum*). Si se produce una degradación más intensa se desarrollan romerales (*Rosmarino-ericon*) donde las especies dominantes son el brezo (*Erica multiflora*) y el romero (*Rosmarinus officinalis*). La última fase de degradación es el desarrollo de pastizales (*Teucrio-Brachypodietum retusi*).

En los ríos encontramos álamos blancos (*Populus alba*), chopo (*Populus nigra*) ,olmos (*Ulmus minor*) y en ramblas formaciones de adelfares (*Rubo-Nerietum oleandri*).

MASAS ARBUSTIVAS

Las superficies forestales más significativas están situadas al norte y sur del término municipal, destacándose la ocupada por el Parque Natural Hoces del Cabriel

FAUNA

Fauna de bosques. Son los ecosistemas que presentan mayor diversidad de especies animales. Entre la avifauna, podemos encontrar el gavilán común (***Accipiter nisus***), la perdiz roja (***Alectoris rufa***), la paloma torcaz (***Columba palumbus***), el pinzón vulgar (***Fringilla coelebs***), el cuco común (***Cuculus canorus***), el jilguero (***Carduelis carduelis***), la golondrina común (***Hirundo rustica***), el gorrión común y el molinero (***Passer domesticus, Passer montanus***), el estornino negro (***Sturnus unicolor***), la tórtola europea (***Streptopelia turtur***), el mirlo común (***Turdus merula***) y la abubilla (***Upupa epops***), entre otros. Por otro lado, destaca la aparición de rapaces ligadas a los bosques ya sea para crías como el águila culebrera (***Circaetus gallicus***) o exclusivamente forestales como el águila azor perdicera (***Hieratus fasciatus***) o el cernícalo (***Falco tinnunculus***). También destacan especies rapaces nocturnas forestales como la lechuza común (***Tyto alba***).

Entre los mamíferos destacar el lirón careto (***Eliomys quercinus***) y el conejo común (***Oryctolagus cuniculus***). El bosque es utilizado por muchos mamíferos de talla mediana-grande que encuentran en éste refugio y protección, como el jabalí (***Sus scrofa***) y el zorro rojo (***Vulpes vulpes***).

También existen especies pertenecientes al grupo de los reptiles como por ejemplo la culebra viperina (***Natrix maura***) o la culebra de escalera (***Elaphe scalaris***).

Fauna de monte con roquedo. Este ecosistema se caracteriza por los grandes cortados, ya sea en bosque o matorral, éstos propician la presencia de diversas especies, fundamentalmente aves que se reproducen en estas áreas.

Las especies más características de los roquedos son, entre las aves, el águila culebrera (***Circaetus gallicus***), el águila azor perdicera (***Hieraatus fasciatus***), elvencejo común y el real (***Apus apus, A. melba***) o el roquero solitario (***Monticola solitarius***).También encontramos algunas especies de mamíferos, el más destacado la cabra montés (***C. Pyrenaica***) que sin estar limitada a los roquedos, ha desarrollado una capacidad de adaptación muy elevada.

Fauna de matorrales y zonas degradadas. Se incluyen aquí, junto a los matorrales, los eriales, matojares, barrancos, cultivos abandonados y zonas no agrícolas con influencia antrópica.

Entre las aves aparecen especies como los mirlos (*Turdus merula*), tordos (*Turdus* sp.), escribanos (*Emberiza* sp.), currucas (*Sylvia* sp.) y los pardillos (*A. cannbina*).

Son abundantes los roedores (ratón de campo -*Apodemus sylvaticus*-), insectívoros (musarañas -*Crocidura russula, Suncus etruscus*-, erizos – *Erinaceus Europaeus, Erinaceus algirus*-), y carnívoros (comadreja - *Mustela nivalis*-).

Dentro de la herpetofauna hay que citar la lagartija colilarga (*Psammodromus algirus*) y el lagarto ocelado (*Lacerta lepida*).

Fauna de cultivos. Son característicos los Aláudidos: alondra (*Alaudo arvensis*), cogujadas (*Galerida* spp.), *Calandrella* spp.

Los secanos y regadíos arbolados albergan más especies, por ejemplo Fringílidos: jilguero (*Carduelis carduelis*), verderones comunes (*Carduelis chloris*) y verdecillos (*Serinus serinus*). El medio puede ser colonizado por determinadas especies antropófilas cuales son el estornino negro (*Sturnius unicolor*) o el gorrión (*Passer domesticus*).

Entre los reptiles abunda la lagartija ibérica (*Podarcis hispanica*) y las salamanquesas (*Hemydactylus turcius, Tarentola mauritanica*), que se instalan perfectamente en los muretes de piedra, y la culebra bastarda (*Malpodon monspessulanus*).

Los anfibios aprovechan las balsas y conducciones de riego, donde encuentran condiciones idóneas para su instalación. Destacan, entre otros, el sapo común (*Bufo bufo*), el corredor (*Bufo calamita*), el partero (*Alytes obstetricans*) y la rana común (*Rana perezi*).

Otra especie que encuentra alimento y nidificación en los viñedos, es la perdiz roja. Según la Sociedad Española de Ornitología, la agricultura es una de las actividades con mayor repercusión sobre la conservación de las aves, muchas especies habitan en zonas agrícolas donde encuentran alimento y lugar de nidificación adecuado, por ello resulta vital para ellas el mantenimiento de los sistemas agrícolas tradicionales como es el caso de los viñedos de Requena.

Por otra parte, la perdiz roja (alectoris rufa) está sufriendo una marcada regresión en las últimas décadas (Cramp and Simmons, 1980). Este descenso ha sido registrado tanto en su área de distribución natural en Francia (ONC 1986), Italia (Baratti et al 2005) y península Ibérica (Rueda et al 1992, Borralho et al. 1998, Lucio 1998, Blanco Aguiar et al 2003), como en la población introducida en el Reino Unido (Aebischer and Potts 1994), este hecho,.unido a su limitada área de distribución, ha hecho que la perdiz roja esté considerada actualmente como especie de estatus "Vulnerable" a nivel mundial (Aebischer and Potts 1994) y haya sido declarada SPEC 2 por Bird Life International (Tucker and Heath, 1994).

Hay que considerar la gran importancia que tiene, por sí misma, la conservación de la perdiz roja, al tratarse de una de las especies más típicas y emblemáticas de los ambientes mediterráneos de la Península Ibérica.

Por otra parte, la presencia de vegetación arbustiva y/o arbórea en los lindes de los viñedos, incrementa su valor como *refugio* y alimento para la fauna, a la vez que funcionan como *corredores ecológicos* (por ellos puede desplazarse la fauna conectando zonas naturales entre sí y reduciendo los efectos de la fragmentación del territorio). En este sentido, se aconseja fomentar esta práctica que ,sin duda, incrementaría el valor ambiental del viñedo de Requena.

Por último, la existencia de pequeñas construcciones como muros de piedra u otros elementos de arquitectura tradicional, también sirven de cobijo a la fauna.

Fauna de ríos y embalses.

Entre los peces destacan los ciprínidos (***Barbus***, ***Chondrostoma***, ***Leuciscus***).

Como representación de las especies orníticas hay que considerar ***Anas plathyrhynchos***, ***Gallinula chloropus***, ***Oriolus oriolus***, ***Troglodytes troglodytes (chochín)***, ***Luscinia megarynchos (ruiseñor)***.

PAISAJE Y VALOR CULTURAL

La Convención del Patrimonio Mundial de la UNESCO (Paris, 1972) define el paisaje cultural como *"el resultado de la acción del desarrollo de actividades humanas en un territorio concreto, cuyos componentes identificativos son: el sustrato natural (orografía, suelo, vegetación, agua); la acción humana (modificación y/o alteración de los elementos naturales y construcciones para una finalidad concreta); y la actividad desarrollada (componente funcional en relación con la economía, formas de vida, creencias, cultura...)"*. Por tanto, el paisaje cultural es una realidad compleja, integrada por componentes naturales y culturales, tangibles e intangibles.

Según la Convención Europea del Paisaje (Florencia, 2000), se entiende por paisaje *"cualquier parte del territorio, tal como es percibida por las poblaciones, cuyo carácter resulta de la acción de factores naturales y/o humanos y de sus interrelaciones"*.

En cualquier caso, el paisaje es un recurso esencial cuyo valor y aprovechamiento están cobrando cada vez más importancia al haberse reconocido como un patrimonio común de toda la humanidad y un elemento fundamental de su calidad de vida.

Respecto al viñedo, recordar que la UNESCO ya ha reconocido el paisaje del viñedo como Patrimonio de la Humanidad (ejemplos son Costa de Amalfi en Italia , Saint Emilion en Bordeaux -Francia , Alto Duero portugués , Tokaj en Hungría, Pico en el archipiélago de las Azores) y otros paisajes de viñedos (entre los que se encuentra el de la DO Utiel-Requena al que pertenece el viñedo del término municipal objeto de estudio), han solicitado su reconocimiento.La solicitud del reconocimiento del viñedo de la DO Utiel-requena, esuna iniciativa impulsada por el Instituto Valenciano de Conservación y Restauración de Bienes Culturales, con el apoyo de la Mancomunidad del Interior "Tierra del Vino" y del Consejo Regulador de la D.O.P.Utiel-Requena, para que todo el ámbito que ocupa la D.O.P. Utiel-Requena (municipios de Camporrobles, Caudete de las Fuentes, Fuenterrobles, Requena, Siete Aguas, Sinarcas, Utiel, Venta del Moro y Villargordo del Cabriel), obtenga la calificación de "Paisaje Cultural de la Vid y el Vino" que otorga UNESCO. De reconocerse, la región se convertiría en el quinto lugar de Europa y el primero de España en obtener este reconocimiento internacional.

De la consulta del "Estudio del paisaje Cultural de la Vid y el Vino, de la Mancomunidad del interior Tierra de vinos, 2008", recogemos la clasificación del paisaje vitícola del municipio de Requena en las siguientes unidades: **Viñedos en llanura, viñedos en fondo de valle, viñedos de montaña, y mosaico agroforestal de viñedos y pinares**.

Recordemos que entendemos p*or unidad de paisaje un área geográfica con una configuración estructural, funcional o perceptivamente diferenciada, única y singular, que ha ido adquiriendo los caracteres que la definen tras un largo periodo de tiempo. Se identifica por su coherencia interna y sus diferencias con respecto a las unidades contiguas.*

DESCRIPCIÓN DE LAS UNIDADES DEL PAISAJE VITÍCOLAS DEL TÉRMINO

- **Viñedos en llanura:** Extensión de viñedos sobre un terreno llano o ligeramente ondulado, interrumpido en ocasiones por cultivos de almendros, olivos o cereal. También se observan, con frecuencia, carrascas dispersas que recuerdan la existencia de un antiguo paisaje adehesado. Las casetas de labor, y bodegas son elementos comunes en este tipo de paisaje.

- **Viñedos de montaña:** Paisaje caracterizado por la presencia de viñedos a unas altitudes próximas a los 1.000 metros sobre el nivel del mar, en las zonas más montañosas. Los viñedos lo forman bandas estrechas y alargadas que se adaptan al relieve y que alternan con el bosque mediterráneo. Se encuentran también, aunque dispersos, olivos, almendros, casas de labor, bancales y hormas de piedra en seco.

- **Viñedos en fondo de valle:** Se trata de un tipo de paisaje de viñedo minoritario en la comarca, caracterizado por el desarrollo de viñedos en el fondo del valle fluvial que forma el río Magro a su paso entre las sierras de Malacara y Martés. Se intercalan con pequeñas extensiones de huerta y con la vegetación propia de ribera.

- Mosaico agroforestal de viñedos y pinares: Paisaje formado por un mosaico donde alternan las masas forestales de pino carrasco con un paisaje agrario dominado por la vid y salpicado de casetas de labor, bodegas y hormas de piedra en seco. También se presentan otros cultivos arbóreos, principalmente olivos y almendros. Se trata de un paisaje con un elevado valor ecológico, refugio de gran variedad de especies de fauna y flora.

Todos ellos se han considerado como recursos paisajísticos de interés visual

SUBUNIDADES

El paisaje vitícola del municipio es un paisaje diverso, lo que se manifiesta en la multitud de colores y formas.

""La diversidad cromática con que se visten las viñas a lo largo del año supone una de las mayores riquezas paisajísticas del territorio. El frío invierno vendrá acompañado de un paisaje compuesto por miles de puntos negros alineados (cepas en su letargo invernal), sobre un fondo de suelos pardo-rojizos. En el horizonte destacarán los verdes de la vegetación natural que cubre los cerros y montañas circundantes. Desde finales de la primavera y durante todo el verano, el paisaje se transforma en un auténtico mar de verdes pámpanas que contrasta con los verdes más oscuros de los pinos, carrascas y enebros. Pero es durante el otoño, después de la época de vendimias, cuando se produce una verdadera explosión de colores, debido especialmente a la introducción de nuevas variedades de uva que deja un paisaje de colores rojos, verdes, marrones y amarillos, dependiendo de la variedad y de sus respectivos periodos de senescencia.

En zonas donde convive la vid con almendros, olivos o cereal, el contraste de colores entre estos cultivos a lo largo del año, dan a este paisaje una singular belleza y dinamismo estacional. En algunas zonas los viñedos han invadido zonas de bosque,entremezclándose con éste y creando un mosaico agroforestal multicolor de contrapuestas texturas y formas."[1]

Subunidades de paisaje vitícolas:

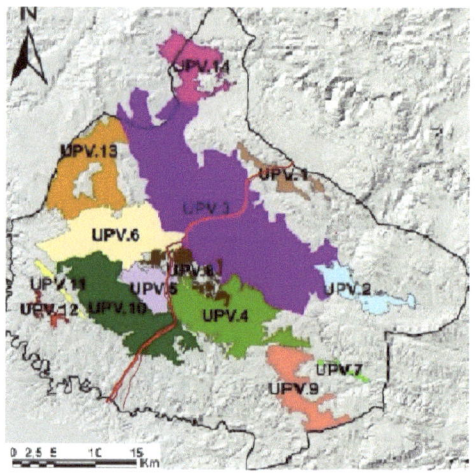

Fuente: Luís E. San Joaquín Polo. "Paisaje cultural de la vid y el vino. Terreno Bobal. Mancomunidad interior del vino. 2010"

En el término municipal de Requena, nos encontramos con :

-Parte de la subunidad UPV.1 (Viñedos de las Sierra del Negrete –Utiel-Juan Navarro)

-Parte de la subunidad viñedos del Llano de El Rebollar-Siete Aguas UPV.2

-Subunidad viñedos de la Vega del Magro (UPV.3)

-Subunidad Viñedos del llano de Campo Arcís (UPV.7)

-Subunidad Viñedos del Corredor de la Portera-Los Pedrones (UPV.9)

-Parte de la subunidad de viñedos de la Rambla de Albosa (UPV.10)

---

[1] Luís E. San Joaquín Polo. "Paisaje cultural de la vid y el vino. Terreno Bobal. Mancomunidad interior del vino. 2010"

Por otra parte, se ha situado en el término, una serie de miradores denominados "Balcones del Viñedo" y establecido un recorrido paisajístico, en la comarca, denominado "Ruta del Viñedo".

Vista desde el Balcón del Viñedo "La Peladilla"

UNIDADES DEL PAISAJE VITÍCOLA DEL TÉRMINO DE REQUENA

Unidad de Paisaje Vitivinícola (UPV.2)	Viñedos del Llano del Rebollar-Siete Aguas			
Localización	Fotografía			

	Ubicación: Se extiende a lo largo de la llanura formada entre las sierras de Malacara y del Tejo, entre los núcleos poblacionales de El Rebollar y Siete Aguas. Ocupa una superficie aproximada de 2.700 ha.			
	Tipo de paisaje: Viñedos en llanura.			
	Características:			
Descripción	Esta unidad, formada por una masa continua de viñedos, representa la primera toma de contacto con el paisaje vitivinícola del altiplano por su lado este, tras superar el desnivel del puerto de Las Cabrillas. Constituye éste un paso natural entre el litoral valenciano y el interior peninsular, el cual es atravesado por toda una red de vías de comunicación (autovía, ferrocarriles, vías pecuarias...), lo que le confiere a esta unidad una elevada afección visual, donde el paisaje de viñedo cobra especial relevancia para el viajero. La altitud media se encuentra en torno a los 700 m.s.n.m.			
	Recursos Paisajísticos de interés: -Cultural: Caseríos con bodega, casas de labor. -Ambiental: ZEPA Sierra de Malacara. -Visual: Mirador del 'Puente sobre el AVE'. Recorrido escénico de interés.			

Valoración	Preferencia Ciudadana	Calidad Paisajística	Accesibilidad Visual	VALOR PAISAJÍSTICO
			Máxima	

Objetivos de Calidad Paisajística	- Conservación /mejora del carácter existente.

Fuente: LUís E. San Joaquín Polo. "Paisaje cultural de la vid y el vino. Terreno Bobal".
Mancomunidad del Interior Tierra del Vino. 2010

Unidad de Paisaje Vitivinícola (UPV.1)	Viñedos de las Sierras del Negrete-Utiel-Juan Navarro		
Localización	**Fotografía**		
Descripción	**Ubicación:** Se extiende sobre las Sierras del Negrete, Utiel y Juan Navarro, comprendiendo los alrededores de los núcleos poblacionales de Casas Medina y Estenas (Utiel), y La Cañada, Las Nogueras y Villar de Olmos (Requena). Ocupa una superficie aproximada de 1.600 ha.		
	Tipo de paisaje: Viñedos de montaña.		
	Características: Viñedos situados en valles intermontanos, en un rango de altitudes de 850-1.000 m.s.n.m. Formados por bandas estrechas y alargadas que se adaptan al relieve, siguiendo la orientación de los plegamientos de las sierras, en los que los estratos más duros son ocupados por formaciones de bosque mediterráneo y las blandas y fondos de valle por cultivos. Encontramos también cultivos de olivo y almendro dispersos.		
	Recursos Paisajísticos de interés: -Cultural: Caseríos con bodega, casas de labor, hormas de piedra en seco. -Ambiental: LIC Sierra del Negrete. -Visual: Miradores de Cerro de 'La Mazorra' y 'Pico de Juan Navarro'. Recorrido escénico de interés.		
Valoración	Preferencia Ciudadana	Calidad Paisajística	Accesibilidad Visual	VALOR PAISAJÍSTICO
			Baja	
Objetivos de Calidad Paisajística	- Conservación /mejora del carácter existente.			

Fuente: LUís E. San Joaquín Polo. "Paisaje cultural de la vid y el vino. Terreno Bobal".

Mancomunidad del Interior Tierra del Vino. 2010

Unidad de Paisaje Vitivinícola (UPV.3)	Viñedos de la Vega del Magro		
Localización	**Fotografía**		

Descripción	**Ubicación:** Se extiende por toda la llanura existente entre los núcleos de Utiel y Requena, teniendo como eje vertebrador el río Magro y la rambla de La Torre. Forman parte de esta unidad el núcleo de Caudete de las Fuentes, las pedanías de Barrio Arroyo, Calderón, El Azagador, El Derramador, El Pontón, San Juan, San Antonio y Roma (Requena) y las de La Torre, Las Casas, Las Cuevas y Los Corrales (Utiel). Ocupa una superficie aproximada de 30.200 ha.
	Tipo de paisaje: Viñedos en llanura.
	Características: Constituye la unidad de paisaje vitivinícola más extensa de la región y una de sus más representativas. Los viñedos forman una masa uniforme, salpicada por pequeñas parcelas de olivo y almendro de forma dispersa. La presencia en esta unidad del eje industrial Requena-Utiel, sumado a la importante red de vías de comunicación que la atraviesan, hacen de ésta la unidad con mayor afección visual. La altitud media se sitúa en torno a los 750 m.s.n.m.
	Recursos Paisajísticos de interés: -**Cultural:** Caseríos con bodega, bodegas subterráneas de Requena y Utiel, antiguas alcoholeras, casas de labor, poblado Ibérico 'Kelin' en Caudete de las Fuentes. -**Ambiental:** río Magro. -**Visual:** Miradores 'El Bu' y 'La Peladilla'. Recorrido escénico de interés.

Valoración	Preferencia Ciudadana	Calidad Paisajística	Accesibilidad Visual	VALOR PAISAJÍSTICO
			Máxima	

Objetivos de Calidad Paisajística	- Conservación/mejora del carácter existente.

Fuente: Luis.E. San Joaquín Polo. "Paisaje cultural de la vid y el vino. Territorio Bobal" . Mancomunidad del Interior Tierra del Vino.2010

Unidad de Paisaje Vitivinícola (UPV.4)	Viñedos del Llano de Campo Arcís		
Localización	**Fotografía**		

Descripción	**Ubicación:** Ocupa todo el llano existente entre los núcleos poblacionales de Campo Arcís, Casas de Cuadra, Casas de Eufemia, Los Duques y Los Ruices, todas ellas pedanías de Requena. Ocupa una superficie aproximada de 8.900 ha.
	Tipo de paisaje: Viñedos en llanura.
	Características: El viñedo forma una gran masa uniforme que se extiende por todo un fértil llano de origen cuaternario, salpicada esporádicamente por carrascas aisladas o en pequeños grupos. Encontramos también algunos cultivos de olivo, almendro y cereal dispersos. La altitud media se encuentra en torno a los 600 m.s.n.m.
	Recursos Paisajísticos de interés: -Cultural: Yacimiento de Las Pilillas (en las proximidades), casas de labor, caseríos con bodega, chimenea de antigua alcoholera, hormas de piedra en seco. -Ambiental: -- -Visual: Miradores de 'La Peladilla', 'Cerro En Comas' y 'Cerro Cabeza Tudela'. Recorrido escénico de interés.

Valoración	Preferencia Ciudadana	Calidad Paisajística	Accesibilidad Visual	VALOR PAISAJÍSTICO
			Máxima	
Objetivos de Calidad	- Conservación /mejora del carácter existente.			

Fuente: Luis.E. San Joaquín Polo. "Paisaje cultural de la vid y el vino. Territorio Bobal" . Mancomunidad del Interior Tierra del Vino.2010

Unidad de Paisaje Vitivinícola (UPV.8)	Viñedos de la Sierra de La Ceja		
Localización	Fotografía		

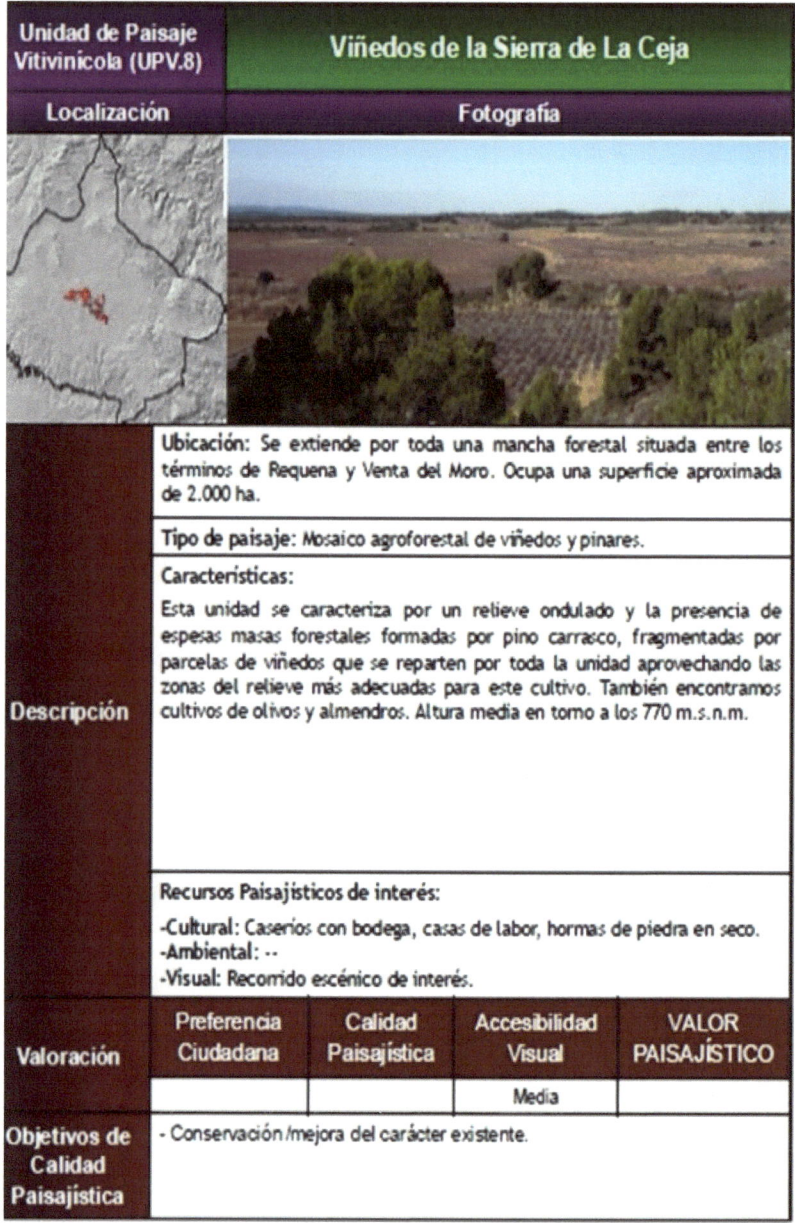

	Ubicación: Se extiende por toda una mancha forestal situada entre los términos de Requena y Venta del Moro. Ocupa una superficie aproximada de 2.000 ha.		
	Tipo de paisaje: Mosaico agroforestal de viñedos y pinares.		
Descripción	**Características:** Esta unidad se caracteriza por un relieve ondulado y la presencia de espesas masas forestales formadas por pino carrasco, fragmentadas por parcelas de viñedos que se reparten por toda la unidad aprovechando las zonas del relieve más adecuadas para este cultivo. También encontramos cultivos de olivos y almendros. Altura media en torno a los 770 m.s.n.m.		
	Recursos Paisajísticos de interés: -Cultural: Caseríos con bodega, casas de labor, hormas de piedra en seco. -Ambiental: -- -Visual: Recorrido escénico de interés.		
Valoración	Preferencia Ciudadana	Calidad Paisajística	Accesibilidad Visual	VALOR PAISAJÍSTICO
			Media	
Objetivos de Calidad Paisajística	- Conservación /mejora del carácter existente.			

Fuente: Luis.E. San Joaquín Polo. "Paisaje cultural de la vid y el vino. Territorio Bobal" . Mancomunidad del Interior Tierra del Vino.2010

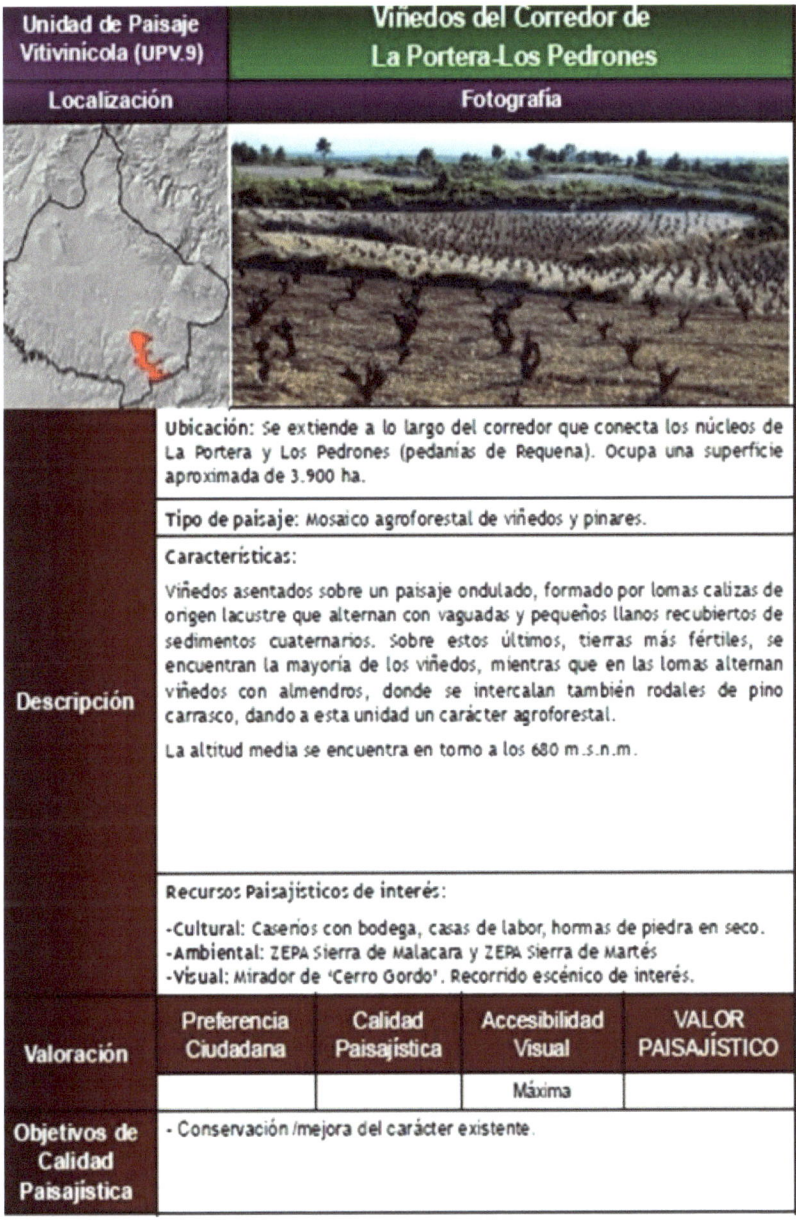

Unidad de Paisaje Vitivinícola (UPV.9)	Viñedos del Corredor de La Portera-Los Pedrones		
Localización	Fotografía		

Descripción

Ubicación: Se extiende a lo largo del corredor que conecta los núcleos de La Portera y Los Pedrones (pedanías de Requena). Ocupa una superficie aproximada de 3.900 ha.

Tipo de paisaje: Mosaico agroforestal de viñedos y pinares.

Características:

Viñedos asentados sobre un paisaje ondulado, formado por lomas calizas de origen lacustre que alternan con vaguadas y pequeños llanos recubiertos de sedimentos cuaternarios. Sobre estos últimos, tierras más fértiles, se encuentran la mayoría de los viñedos, mientras que en las lomas alternan viñedos con almendros, donde se intercalan también rodales de pino carrasco, dando a esta unidad un carácter agroforestal.

La altitud media se encuentra en torno a los 680 m.s.n.m.

Recursos Paisajísticos de interés:

-Cultural: Caseríos con bodega, casas de labor, hormas de piedra en seco.
-Ambiental: ZEPA Sierra de Malacara y ZEPA Sierra de Martés
-Visual: Mirador de 'Cerro Gordo'. Recorrido escénico de interés.

Valoración	Preferencia Ciudadana	Calidad Paisajística	Accesibilidad Visual	VALOR PAISAJÍSTICO
			Máxima	

Objetivos de Calidad Paisajística	- Conservación /mejora del carácter existente.

Fuente: Luis.E. San Joaquín Polo. "Paisaje cultural de la vid y el vino. Territorio Bobal" . Mancomunidad del Interior Tierra del Vino.2010

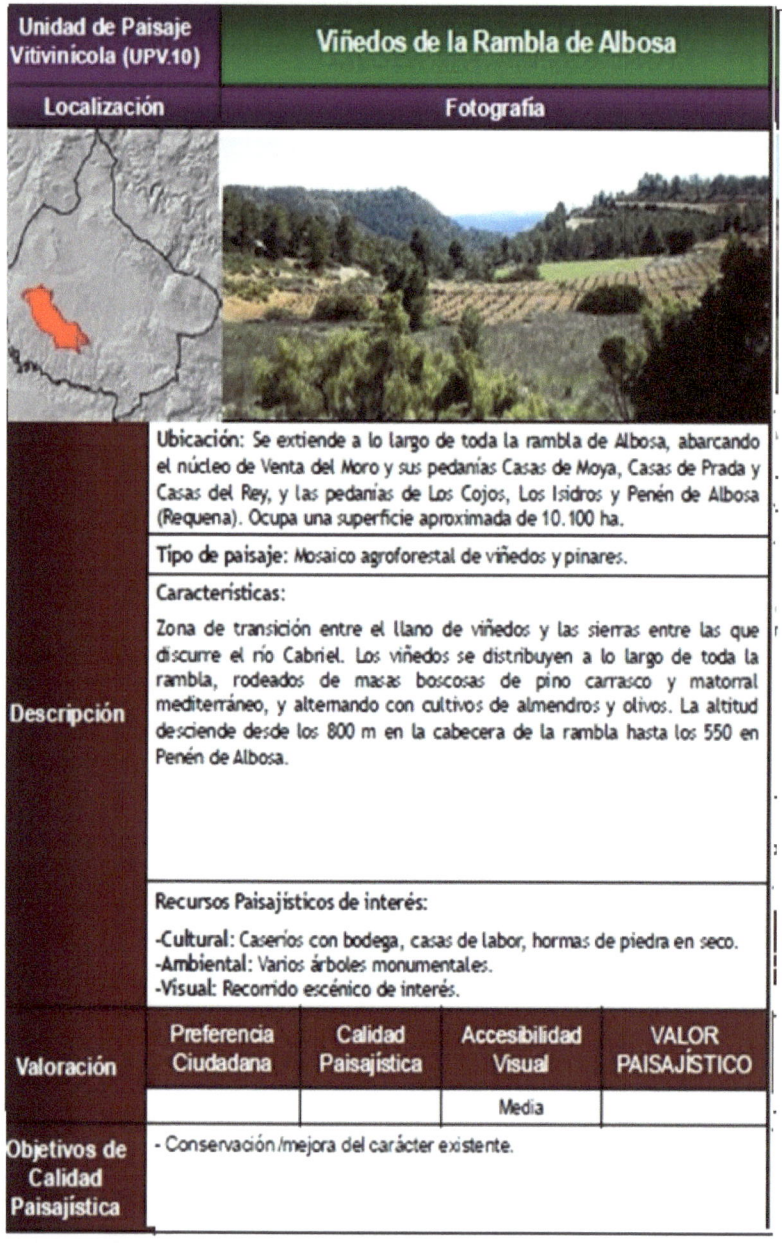

Unidad de Paisaje Vitivinícola (UPV.10)	Viñedos de la Rambla de Albosa		
Localización	Fotografía		

Ubicación: Se extiende a lo largo de toda la rambla de Albosa, abarcando el núcleo de Venta del Moro y sus pedanías Casas de Moya, Casas de Prada y Casas del Rey, y las pedanías de Los Cojos, Los Isidros y Penén de Albosa (Requena). Ocupa una superficie aproximada de 10.100 ha.

Tipo de paisaje: Mosaico agroforestal de viñedos y pinares.

Descripción

Características:

Zona de transición entre el llano de viñedos y las sierras entre las que discurre el río Cabriel. Los viñedos se distribuyen a lo largo de toda la rambla, rodeados de masas boscosas de pino carrasco y matorral mediterráneo, y alternando con cultivos de almendros y olivos. La altitud desciende desde los 800 m en la cabecera de la rambla hasta los 550 en Penén de Albosa.

Recursos Paisajísticos de interés:

-Cultural: Caseríos con bodega, casas de labor, hormas de piedra en seco.
-Ambiental: Varios árboles monumentales.
-Visual: Recorrido escénico de interés.

Valoración	Preferencia Ciudadana	Calidad Paisajística	Accesibilidad Visual	VALOR PAISAJÍSTICO
			Media	

Objetivos de Calidad Paisajística	- Conservación/mejora del carácter existente.

Fuente: Luis.E. San Joaquín Polo. "Paisaje cultural de la vid y el vino. Territorio Bobal" . Mancomunidad del Interior Tierra del Vino.2010

METODOLOGÍA UTILIZADA PARA LA VALORACIÓN

Existen diferentes métodos de valoración de activos ambientales entre los que se encuentran los clásicos:

-Método de los costes evitados o inducidos

-Método del coste del viaje.

-Método del valor hedónico.

-Método de valoración contingente.

En este caso, se ha seleccionado el Método AMUVAN, combinación del método AHP (Proceso Analítico Jerárquico) y actualización de rentas.

El procedimiento seguido ha sido el siguiente:

-Delimitación del ámbito de estudio.

-Identificación de los componentes del valor económico total del activo ambiental a valorar (VET), así como las distintas funciones que contiene cada componente. Recordemos los componentes del VET:

VALORES DE **USO DIRECTO**: valor económico que tienen los bienes y servicios ambientales por el uso directo de sus recursos, para la satisfacción de las necesidades humanas (beneficios económicos concretos derivados de la agricultura, ganadería, explotación maderera...).

VALORES DE **USO INDIRECTO**: valor económico que tienen los bienes y servicios ambientales por algunos usos indirectos (a veces difícilmente observables y cuantificables) como retención de nutrientes, retención de suelos, recarga de acuíferos, control de crecidas/inundaciones, protección contra tormentas, apoyo a otros ecosistemas, estabilización del clima, fijación de CO_2...

VALORES DE **OPCIÓN/CUASIOPCIÓN:** Expectativas de uso y desconocimiento de futuras aplicaciones.

VALORES DE **EXISTENCIA:** Valor que tiene el activo ambiental por permitir la existencia de diversas especies de seres vivos (conservación de especies de fauna y/o flora), Paisaje y valor cultural, fijación de la población...

VALORES DE **FUTURO:** el valor que tiene el activo como legado a futuras generaciones

-Determinación del peso de los distintos componentes del valor total del activo ambiental, mediante la aplicación del Método AHP. Para ello, hemos sometido a un grupo de expertos (un agrónomo especialista en Medio Ambiente, un economista vinculado al término y un residente) a una encuesta, los expertos han efectuado comparaciones (dos a dos) entre los componentes del VET

Verificaremos que se cumplen los requisitos de reciprocidad, homogeneidad y consistencia exigidos por el Método AHP.

-Obtendremos el vector de pesos agregado, éste nos indica la ponderación de los componentes del VET considerando la opinión de todos los encuestados.

-Seleccionaremos un componente del VET que denominaremos PIVOT y aplicaremos el Método de actualización de rentas para calcular su valor monetario (valor conectado con el mercado)

-A partir del valor del PIVOT y mediante el vector de pesos agregado, se determinará los valores de cada componente y del VET.

APLICACIÓN DE LA METODOLOGÍA.

-DELIMITACIÓN DEL TRABAJO

En nuestro caso, al ser el objetivo la valoración ambiental el viñedo del término municipal de Requena, no consideramos la vinicultura, de no ser así, estaríamos valorando ambientalmente el sector vitivinícola del término municipal y no el viñedo.

-IDENTIFICACIÓN DE LOS COMPONENTES DEL VET

El VET del viñedo está formado por los siguientes componentes:

VALORES DE **USO DIRECTO**: valor económico que tiene el viñedo por el uso directo de sus recursos, para la satisfacción de las necesidades humanas (agricultura)

VALORES DE **USO INDIRECTO:** valor económico que tiene el viñedo por algunos usos indirectos (a veces difícilmente observables y cuantificables) como fijación de CO_2, protección contra la erosión, corredores para la fauna, efecto cortafuegos.

<u>VALORES DE **OPCIÓN/CUASIOPCIÓN:**</u> Expectativas de uso y desconocimiento de futuras aplicaciones.

<u>VALORES DE **EXISTENCIA:**</u> representa la medida en que se valora el viñedo como recurso esencial para la conservación y desarrollo de diversas especies tanto de fauna (ejemplo: perdiz), como de flora (variedades autóctonas como la Bobal), valor paisajístico -cultural y de fijación de la población

<u>VALORES DE **FUTURO:**</u> el valor que tiene el viñedo como legado a futuras generaciones. Es decir, el valor que se le asigna al viñedo para que las futuras generaciones tengan la oportunidad de usarlo y disfrutarlo.

En el siguiente esquema se enumera la composición de los distintos valores del viñedo del término municipal de Requena.

1. VALORES DE **USO DIRECTO**.
    a) Agricultura

2. VALORES DE **USO INDIRECTO**
    a) Fijación de CO_2
    b) Efecto cortafuegos
    c) Protección de la erosión
    d) Corredores

3. VALORES DE **OPCIÓN/CUASIOPCIÓN:**
    a) Posibles usos futuros, directos e indirectos y expectativas de uso.

4. VALORES DE **EXISTENCIA**
   a) Mantenimiento de la biodiversidad (Preservación fauna –ej. Perdiz- y variedades autóctona – Bobal)
   b) Paisaje y valor cultural
   c) Fijación de la población

5. VALORES DE **FUTURO**
   a) Legado a futuras generaciones

Estructura Jerárquica:

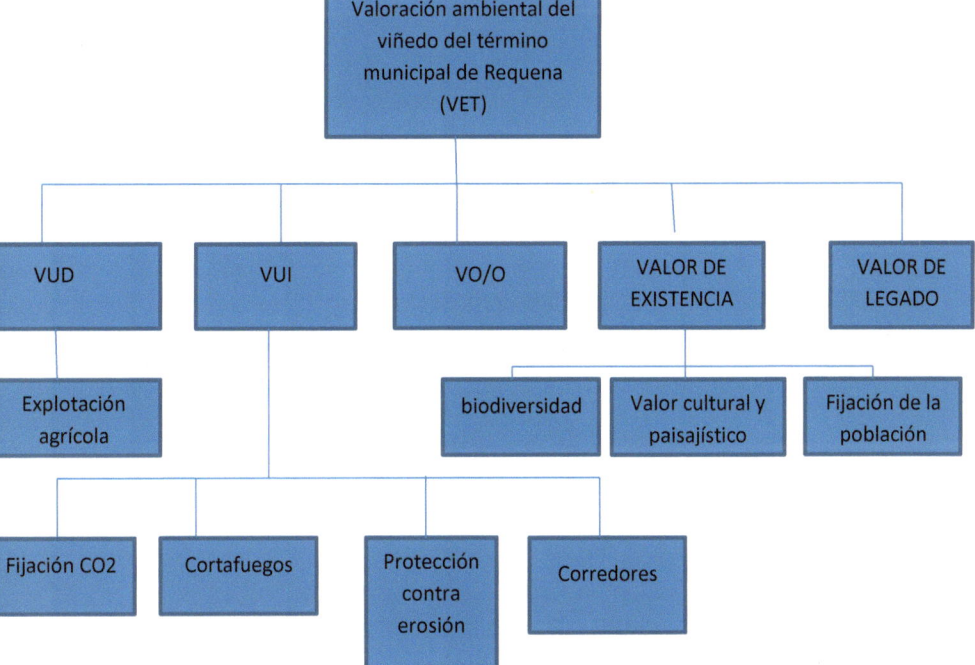

3—DETERMINACIÓN DEL PESO DE LOS COMPONENTES DEL VET

-MODELO DE LA ENCUESTA PRESENTADA A EXPERTOS

El objetivo de esta encuesta es llegar a determinar el valor del viñedo del término municipal de Requena. Para ello se va a utilizar los conocimientos y la experiencia de un grupo de valoradores entre los que se encuentra usted.

A través de esta encuesta se le va a pedir su opinión sobre distintos aspectos del viñedo del término municipal de Requena, utilizando una metodología denominada Proceso Analítico Jerárquico.

Mediante la agregación de los resultados obtenidos por los distintos expertos consultados se llegará, finalmente, a un valor final.

Esta metodología permite abordar los casos como el que nos ocupa en que no existe una suficiente información cuantificada y que por lo tanto hace muy difícil obtener un valor del activo considerado.

En el siguiente esquema se enumera la composición de los distintos valores del viñedo del término municipal de Requena.

1. VALORES DE **USO DIRECTO**.
   a) Agricultura

2. VALORES DE **USO INDIRECTO**
   a) Fijación de CO_2
   b) Efecto cortafuegos
   c) Protección de la erosión
   d) Corredores

3. VALORES DE **OPCIÓN/CUASIOPCIÓN**
   a) Posibles usos futuros (turismo)
   b) Valor en el futuro

4. VALORES DE **EXISTENCIA**
    a) Mantenimiento de la biodiversidad (Preservación fauna -perdiz, variedades autóctonas -Bobal)
    b) Valores culturales
    c) Paisaje
    d) Fijación de la población

5. VALORES DE **FUTURO**
    a) Legado a futuras generaciones

En la encuesta se le va a pedir que compare diversos componentes y debe indicar una x en la casilla correspondiente:

	Extremadamente más importante	Mucho más importante	Bastante más importante	Moderadamente más importante	IGUAL	Moderadamente más importante	Bastante más importante	Mucho más importante	Extremadamente más importante	
VUD										VUI
VUD										VO
VUD										VE
VUD										VL
VUI										VD
VUI										VO
VUI										VE
VUI										VL
VO										VD
VO										VI
VO										VE

VO											VL
VE											VD
VE											VUI
VE											VO
VE											VL
VL											VUD
VL											VUI
VL											VO
VL											VE

	Extremada-mente más importante	Mucho más importante	Bastante más importante	Moderadamente más	IGU	Moderadamente más	Bastante más importante	Mucho más importante	Extremadamente más	
Fijación CO2										Cortafuegos
Fijación CO2										Protección erosión
Fijación CO2										Corredores
Cortafue-gos										Fijación CO2

Cortafue-gos										Protección erosión
Cortafue-gos										corredores
Protección n erosión										Fijación CO2
Protección n erosión										Cortafuegos
Protección n erosión										Corredores
Corredo-res										Fijación CO2
Corredo-res										Cortafuegos
Corredor										Protección erosión

	Extremada-mente más	Mucho más importante	Bastante más importante	Moderadamente más	IGUAL	Moderadamente más	Bastante más importante	Mucho más importante	Extremadamente más	
Biodiversidad										Paisaje y valor cultural
Biodiversidad										Fijación dela población
Paisaje y valor cultural										Biodiversi-dad

Paisaje y valor cultural									Fijación de la población
Fijación de la población									Paisaje y valor cultural
Fijación de la población									Biodiversi-dad

(Resultados de las encuestas en Anexo I)

-PONDERACIONES (VECTORES PROPIOS) DEL VET TRAS LA ENTREVISTA A EXPERTOS

(Cálculos en Anexo II)

EXPERTO 1:

Valor de uso directo	Explotación agraria	0,2139
Valor de uso indirecto	Fijación de CO2	0,0131
	Cortafuegos	0,0131
	Protección erosión	0,0131
	Corredores	0,0026
Valor opcional	Valor opcional	0,056
Valor de existencia	Biodiversidad	0,056
	Paisaje y valor cultural	0,222
	Fijación de la población	0,025
Valor de legado	Valor de legado	0,3839

PONDERACIÓN EXPERTO 2:

Valor de uso directo	Explotación agraria	0,1185
Valor de uso indirecto	Fijación de CO2	0,0032
	Cortafuegos	0,0492
	Protección_erosión	0,0083
	Corredores	0,0098
Valor opcional	Valor opcional	0,2891
Valor de existencia	Biodiversidad	0,0472
	Paisaje y valor cultural	0,057
	Fijación de la población	0,3493
Valor de legado	Valor de legado	0,0679

PONDERACIÓN EXPERTO 3:

Valor de uso directo	Explotación agraria	0,3830
Valor de uso indirecto	Fijación de CO_2	0,024
	Cortafuegos	0,1453
	Protección erosión	0,0275
	Corredores	0,0322
Valor opcional	Valor opcional	0,0297
Valor de existencia	Biodiversidad	0,0195
	Paisaje y valor cultural	0,0470
	Fijación de la población	0,1980
Valor de legado	Valor de legado	0,0947

- VECTOR DE PESOS AGREGADO

Los vectores propios obtenidos (ponderaciones de cada experto), se han agregado mediante la media geométrica y normalizado por la suma, obteniendo los siguientes resultados:

	VECTOR PROPIO EXPERTO1	VECTOR PROPIO EXPERTO2	VECTOR PROPIO EXPERTO3	AGREGACIÓN	VECTOR PESOS AGREGADO
Explotación agraria	0,2139	0,1185	0,383	0,21332543	0,28533061
Fijación de CO2	0,0131	0,0032	0,024	0,01002023	0,01340242
Cortafuegos	0,0131	0,0492	0,1453	0,04541166	0,06073976
Protección erosión	0,0131	0,0083	0,0275	0,01440657	0,01926932
Corredores	0,00261	0,0098	0,0322	0,00937362	0,01253757
Valor opcional	0,0566	0,2891	0,0297	0,07862132	0,1051589
Biodiversidad	0,056	0,0472	0,0195	0,0372153	0,04977683
Paisaje y valor cultural	0,222	0,057	0,047	0,08409598	0,11248146
Fijación de la población	0,025	0,3493	0,198	0,12002395	0,16053645
Valor de legado	0,3839	0,0679	0,0947	0,13514893	0,18076667
				0,747643	1

-SELECCIÓN DEL PIVOT Y CÁLCULO DE SU VALOR MONETARIO

Disponemos de dos posibles componentes PIVOT del VET : el Valor de Uso Directo y el componente de valor de uso indirecto "fijación de CO2".

A) VALOR DE USO DIRECTO DE LA EXPLOTACIÓN AGRARIA

Los costes por kilogramo de uva producida, en la Comarca Utiel-Requena, ascienden, como promedio, a 0.37 euros/kg y durante los últimos años, los costes de producción por kilogramo de uva producida han sido superiores al precio de venta. Para solventar, aunque sea en parte esta situación, el viticultor, o bien limita las intervenciones de poda en verde o reduce la inversión en materias primas, o asume los costos de mano de obra en las explotaciones familiares como aportación propia, y aún así, son las ayudas recibidas de la Política Agraria Comunitaria (PAC), las que permiten obtener beneficios.

ESTUDIO DE RENTABILIDAD ECONOMICA DE UNA EXPLOTACIÓN VITIVINICOLA EN LA COMARCA DE UTIEL - REQUENA

DATOS DE LA EXPLOTACIÓN			
SUPERFICIE EXPLOTACIÓN (m²)		10.000	m²
DENSIDAD DE PLANTACIÓN (2,5*2,5)	Marco plantación (m²)	6,25	
	Cepas /Ha	1.600	

COSTES		
1. COSTOS VARIABLES DE LOS FACTORES DE PRODUCCIÓN		1.389,47 €
2. INTERES DEL CAPITAL CIRCULANTE (4% ANUAL PARA UN PERIODO MEDIO DE 6 MESES)		27,79 €
3. COSTE FIJOS		419,10 €
	MAQUINARIA PROPIA	160,27 €
	SEGURIDAD SOCIAL	123,60 €
	IMPUESTOS Y SEGUROS	135,23 €
TOTAL COSTES (1+2+3)		1.836,36 €

UMBRAL RENTABILIDAD ANUAL VIÑA	€/kg	0,37 €
	Ptas./kg	61 pta.

Fuente: Ferran Gregori i Ferrer. "Resumen del estudio del umbral de rentabilidad de una explotación vitivinícola en la Comarca de Utiel-Requena, conclusiones y propuesta de soluciones". La Unión de Agricultores y Ganaderos. 2009

Respecto a los precios de venta, éstos han sido los siguientes:

-Cosecha 2012

Macabeo entre 0,30 y 0,35 euros kilo

Chardonnay entre 0,35 y 0,45 euros kilo

Bobal entre 0,28 y 0,33 euros kilo

Cabernet Sauvignon y Merlot: Similares al Chardonnay

El precio medio no compensa los costes de producción, no obstante, los precios de las uvas no resulta lo más "típico" de la zona de estudio, pues al existir numerosas bodegas cooperativas, no se venden exceso de uvas durante las vendimias, sino que se entregan a las cooperativas y el precio percibido por el viticultor viene expresado en Hectogrado o Grado Hectólitro.

Análisis de los precios por cosechas (Fuente DO Utiel-Requena)

Cosecha 2012

Antes de la propia vendimia las cotizaciones que se dieron estuvieron entre las 3 / 3,30 euros por Hectogrado para los vinos tintos y de 3,60/ 3,90 euros por Hectógrado para los vinos blancos.

Durante la misma se dieron unas subidas escalonadas, terminando prácticamente las últimas ventas con el nivel de precios de: 4,20/4,80 euros por hectogrado para los vinos tintos y/o rosados/ y los blancos respectivamente.

Cosecha 2011

Los precios empezaron durante la vendimia a ser de 2,40/ 2,70 euros por hectogrado llegando a pagarse hasta las 3/3,30 euros por hectogrado al final de la misma

Cosecha 2010

Los precios durante ésta cosecha fueron de entre 2,16/ 2,34 euros por hectogrado durante toda la campaña desde el inicio al final y para casi todos los tipos de vino. Fueron precios muy bajos que venían dándose desde la cosecha 2000 que resultó el último año en el que los precios de los vinos fueron muy elevados y ya desde esa cosecha se produjo una caída de los precios que ha venido hasta 2011, año en el que empezó a remontar y se ha consolidado la subida en la cosecha del 2012.

Por otra parte, los costes medios para la elaboración del vino podemos fijarlos entre 0,036 - 0,048 euros por litro.

Analizando la evolución del precio, tomaremos como dato medio para posteriores cálculos: 4 euros / Hectogrado.

De esta forma, considerando un grado medio de 12º y rendimiendo en mosto de la uva de 74 litros por cada 100 kilos de uva, 4 euros /hectogrado equivaldría a 0,36 euros/kg uva.

Atendiendo a los costes de producción, estos precios siguen sin ser rentables y los beneficios vendrán determinados por la ayudas del "pago único" y, en su caso, la derivadas de la adhesión a prácticas de agricultura ecológica (estas últimas, en la Comunidad Valenciana, en el caso del viñedo destinado a vinificación, ascienden a 228,38 euros/hectárea)

Ante la imposibilidad de conocer la cuantía total recibida en el término municipal de Requena, o en su defecto en la Comarca Utiel-Requena, en concepto de ayuda de pago único por destilación de alcohol de uso de boca, estimaremos la cuantía media de pago único (por este concepto) por hectárea de viñedo , tomando como dato oficial la cuantía de la que ha sido receptora la Comunidad Valenciana en concepto de pago único por destilación de alcohol de uso de boca en 2010, que asciende a 7.554.729 euros (Fuente FEGA)

Considerando una superficie de viñedo de vinificación en la Comunidad Valenciana de 71.386 ha (año 2010, fuente MARM), obtenemos como estimación, un promedio de pago único en concepto de destilación de alcohol de uso de boca de 105,83 euros/ha viñedo vinificación.

Sin embargo, es previsible que el viñedo se vaya acogiendo (gradualmente), a la ayuda de 228,38 euros/ha por adhesión de prácticas de agricultura ecológica y que llegue un momento que esta práctica sea la habitual y ya no reciba ayudas. Esto, unido a la incertidumbre de la evolución de las ayudas de la PAC, conduce a seleccionar como PIVOT el componente del Valor de Uso Indirecto"fijación de CO_2" del que también podemos conocer su valor monetario.

B) VALOR DE USO INDIRECTO "POR FIJACIÓN DE CO2"

*Emisiones directas.

Se generan en el proceso de cultivo como consecuencia del consumo de combustible utilizado en las labores agrícolas:

-Preparación y acondicionamiento del terreno

-Riego, en su caso

-Fertilización

-Aplicación de fitosanitarios

-Recolección y transporte

-Óxido nitroso procedente del suelo por fertilización

La emisión directa de CO_2 vinculada al cultivo de la vid (tomando como fuente el Servicio de Estadística de la Consejería de Agricultura, Ganadería y Desarrollo Rural de La Rioja, IPCC y Pimentel), asciende a 1.54 Toneladas de CO_2/ha.

*Emisiones indirectas:

Se producen debido al consumo de la energía necesaria para:

- Fabricación y mantenimiento de los equipos mecánicos agrícolas utilizados en todas las labores

-Producción de semillas y plántulas

-Fabricación de fertilizantes y fitosanitarios

Tomando como fuente los datos ofrecidos por el Servicio de Estadística de la Consejería de Agricultura, Ganadería y Desarrollo Rural de La Rioja, IPCC y Pimentel, las emisiones indirectas asociadas al cultivo del viñedo, ascienden a 0,93 tonelada CO_2 /ha

*CO_2 fijado por el viñedo:

El CO_2 lo captan las plantas de la atmósfera y lo transforman con la energía del sol mediante la fotosíntesis, en materia vegetal.

Tomando como fuente los datos ofrecidos por el Servicio de Estadística de la Consejería de Agricultura, Ganadería y Desarrollo Rural de La Rioja, IPCC y Pimentel , el viñedo fija 2.085 gramos de CO_2/unidad de planta

Considerando una densidad media de plantación de 2000 plantas por hectárea ,la capacidad de fijación equivale a 4,17 toneladas/ha.

*Fijación neta de CO_2:
La capacidad de fijación neta asciende a 1,7 toneladas /ha
Considerando una superficie de 13.000 hectáreas, las toneladas fijadas de CO_2 se sitúan en 22.100 toneladas al año.

El precio de la tonelada de CO_2 se valora en el mercado de derechos de emisión a 6,20 euros./tonelada, con fecha 2 de enero del 2013. El valor ha oscilado desde los 15,3 (último cierre euros del 2008) a los 6,20 euros (último cierre del 2012). Actualmente la cotización se encuentra en su momento más bajo, la crisis económica mundial, conlleva una diminución en la producción, por tanto de las emisiones, y esto se refleja en la cotización. No obstante, se prevé una subida con la recuperación mundial de la crisis, la reducción de los derechos de emisión o el empeoramiento del problema del calentamiento global.

Cotizaciones de cierre de los últimos cinco años:
Año 2008: 15,30 euros/tonelada
Año 2009: 12,3 euros/tonelada
Año 2010: 13,9 euros/tonelada
Año 2011: 6,7 euros/tonelada

Año 2012: 6,4 euros/tonelada

A efectos de cálculo, consideramos como valor de la tonelada de CO2, el valor medio de las cotizaciones de los años (2008-2012), 11 euros/tonelada.

En cuanto a la tasa de descuento social en España, actualmente se sitúa en 3,90%

De esta forma, aplicando el Método de actualización de rentas, el VUI por fijación de CO2 es 6.235.600 euros

VUI "fijación CO2" = 22.100 * 11,004 / 0,039 = 6.235.600 euros

-CÁLCULO DEL VET

A partir de la ponderación agregada del VET y el valor del PIVOT, obtenemos los valores de los distintos componentes del VET:

	Ponderación	VALORES
Explotación agraria	0,2853	132.752.705,10
Fijación de CO2	0,0134	6.235.600,00
Cortafuegos	0,0607	28.259.734,72
Protección erosión	0,0193	8.965.230,03
Corredores	0,0125	5.833.218,28
Valor opcional	0,1052	48.926.152,79
Biodiversidad	0,0498	23.159.132,57
Paisaje y Valor cultural	0,1125	52.333.041,09
Fijación de la población	0,1605	74.691.068,33
Valor de legado	0,1808	84.103.363,56
VET:		465.259.246,47

La valoración ambiental del viñedo del término municipal de Requena asciende a 465.259.246,47 euros

Esto significa un valor por hectárea de 35.789,17 euros.

Si consultamos los precios de la tierra (Fuente: Encuesta de Precios de la Tierra 2011, MAGRAMA), la hectárea de viñedo de transformación de secano en la Comunidad Valenciana, asciende a 8.108 euros, este valor no tiene en cuenta las utilidades ambientales del viñedo, pero nos permite contrastar que el valor estimado de uso directo (VUD) obtenido es coherente:

132.752.705,1 euros / 13.000 hectáreas, = 10.211,74 euros por hectárea

ANEXO 1:

RESULTADO DE LAS ENCUESTAS

EXPERTO 1:

	Extremada-mente más importante	Mucho más importante	Bastante más importante	Moderadam ente más importante	IGUAL	Moderadam ente más importante	Bastante más importante	Mucho más importante	Extremadam ente más importante	
VUD		x								VUI
VUD				x						VO
VUD						x				VE
VUD				x						VL
VUI								x		VD
VUI				x						VO
VUI								x		VE
VUI								x		VL
VO						x				VD
VO				x						VI
VO							x			VE
VO							x			VL
VE				x						VD
VE		x								VUI
VE			x							VO

	Extremadamente más	Mucho más importante	Bastante más importante	Moderadamente más	IGUAL	Moderadamente más	Bastante más importante	Mucho más importante	Extremadamente más	
VE						x				VL
VL					x					VUD
VL		x								VUI
VL			x							VO
VL				x						VE

	Extremadamente más	Mucho más importante	Bastante más importante	Moderadamente e más	IGUAL	Moderadamente e más	Bastante más importante	Mucho más importante	Extremadamente más	
Fijación CO_2					x					Cortafuegos
Fijación CO_2					x					Protección erosión
Fijación CO_2			x							Corredores
Cortafuegos					x					Fijación CO_2
Cortafuegos					x					Protección erosión
Cortafuegos			x							corredores
Protección erosión					x					Fijación CO_2

Protección erosión					x					Cortafuegos
Protección erosión		x								Corredores
Corredores							x			Fijación CO2
Corredores							x			Cortafuegos
Corredores							x			Protección erosión

	Extremada- mente más	Mucho más importante	Bastante más importante	Moderadament e más	IGUAL	Moderadament e más	Bastante más importante	Mucho más importante	Extremadamen te más	
Biodiversidad							x			Paisaje y valor cultural
Biodiversidad				x						Fijación dela población
Paisaje y valor cultural			x							Biodiversi- dad
Paisaje y valor cultural		x								Fijación de la población
Fijación de la población						x				Biodiversid ad
Fijación de la población								x		Paisaje y valor cultiral

EXPERTO 2

	Extremadamente más importante	Mucho más importante	Bastante más importante	Moderadamente más importante	IGUAL	Moderadamente más importante	Bastante más importante	Mucho más importante	Extremadamente más importante	
VUD					x					VUI
VUD					x					VO
VUD							x			VE
VUD					x					VL
VUI					x					VD
VUI							x			VO
VUI								x		VE
VUI					x					VL
VO					x					VD
VO			x							VI
VO					x					VE
VO			x							VL
VE			x							VD
VE		x								VUI
VE					x					VO

	Extremadamente más	Mucho más importante	Bastante más importante	Moderadamente más	IGUAL	Moderadamente más	Bastante más importante	Mucho más importante	Extremadamente más	
VE	x									VL
VL					x					VUD
VL					x					VUI
VL							x			VO
VL								x		VE

	Extremadamente más	Mucho más importante	Bastante más importante	Moderadamente más	IGUAL	Moderadamente más	Bastante más importante	Mucho más importante	Extremadamente más	
Fijación CO2								x		Cortafuegos
Fijación CO2						x				Protección erosión
Fijación CO2						x				Corredores
Cortafuegos	x									Fijación CO2
Cortafuegos		x								Protección erosión
Cortafuegos		x								corredores
Protección erosión				x						Fijación CO2

	Extremadamente más	Mucho más importante	Bastante más importante	Moderadamente e más	IGUAL	Moderadamente e más	Bastante más importante	Mucho más importante	Extremadamente más	
Protección erosión								X		Cortafuegos
Protección erosión					X					Corredores
Corredores		X								Fijación CO2
Corredores								X		Cortafuegos
Corredores					X					Protección erosión

	Extremadamente más	Mucho más importante	Bastante más importante	Moderadamente e más	IGUAL	Moderadamente e más	Bastante más importante	Mucho más importante	Extremadamente más	
Biodiversidad					X					Paisaje y valor cultural
Biodiversidad								X		Fijación dela población
Paisaje y valor cultural					X					Biodiversidad
Paisaje y valor cultural							X			Fijación de la población
Fijación de la población	X									Biodiversidad
Fijación de la población		X								Paisaje y valor cultiral

EXPERTO 3

	Extremadamente más importante	Mucho más importante	Bastante más importante	Moderadamente más importante	IGUAL	Moderadamente más importante	Bastante más importante	Mucho más importante	Extremadamente más importante	
VUD				x						VUI
VUD	x									VO
VUD					x					VE
VUD			x							VL
VUI						x				VD
VUI			x							VO
VUI					x					VE
VUI			x							VL
VO								x		VD
VO							x			VI
VO								x		VE
VO							x			VL
VE					x					VD
VE					x					VUI
VE	x									VO

					IGUAL					
VE			x							VL
VL							x			VUD
VL							x			VUI
VL		x								VO
VL						x				VE

	Extremadamente más	Mucho más importante	Bastante más importante	Moderadamente más	IGUAL	Moderadamente más	Bastante más importante	Mucho más importante	Extremadamente más	
Fijación CO2								x		Cortafuegos
Fijación CO2				x						Protección erosión
Fijación CO2				x						Corredores
Cortafuegos	x									Fijación CO2
Cortafuegos			x							Protección erosión
Cortafuegos				x						corredores
Protección erosión				x						Fijación CO2

	Extremadamente más	Mucho más importante	Bastante más importante	Moderadamente e más	IGUAL	Moderadamente e más	Bastante más importante	Mucho más importante	Extremadamente más	
Protección erosión						x				Cortafuegos
Protección erosión					x					Corredores
Corredores					x					Fijación CO2
Corredores						x				Cortafuegos
Corredores					x					Protección erosión

	Extremadamente más	Mucho más importante	Bastante más importante	Moderadamente e más	IGUAL	Moderadamente e más	Bastante más importante	Mucho más importante	Extremadamente más	
Biodiversidad						x				Paisaje y valor cultural
Biodiversidad								x		Fijación dela población
Paisaje y valor cultural			x							Biodiversidad
Paisaje y valor cultural							x			Fijación de la población
Fijación de la población	x									Biodiversidad
Fijación de la población		x								Paisaje y valor cultiral

ANEXO 2

CÁLCULO DE LOS VECTORES PROPIOS Y COMPROBACIÓN DE LA CONSISTENCIA

EXPERTO 1

Utiliza la escala de ponderación pareada:

	Escala verbal	Explicación
1	Igual importancia	Los dos elementos contribuyen igualmente a la propiedad o criterio
3	Moderadamente más importante un elemento que otro	El juicio y la experiencia previa favorecen a un elemento frente al otro
5	Fuertemente más importante un elemento que en otro	El juicio y la experiencia previa favorecen fuertemente a un elemento frente al otro
7	Mucho más fuerte la importancia de un elemento que otro	En elemento domina fuertemente. Su dominación está probada en práctica
9	Importancia extrema de un elemento frente al otro	Un elemento domina al otro con el mayor orden de magnitud posible

Ponderación Criterios principales

	VUD	VUI	Valor Opción	VE	VF	VECTOR PROPIO
VUD	1	7	3	1/3	1	0,2139
VUI	1/7	1	1	1/7	1/7	0,0418
V O	1/3	1	1	1/5	1/5	0,0566
VE	3	7	5	1	1/3	0,3037
VF	1	7	5	3	1	0,3839
CR	9,65%	< 10%				1

Ponderación subcriterios del VUI

	Fijación CO_2	Cortafuegos	Protección erosión	Corredores	VECTOR PROPIO
Fijación CO_2	1	1	1	5	0,3125
Cortafuegos	1	1	1	5	0,3125
Protección erosión	1	1	1	5	0,3125
Corredores	1/5	1/5	1/5	1	0,0625
CR	0,0%	< 9%			1,0000

Ponderación subcriterios del Valor de Existencia

	Biodiversidad	Paisaje y Valor cultural	Fijación de la población	VECTOR PROPIO
Biodiversidad	1	1/5	3	0,1844
Paisaje y Valor cultural	5	1	7	0,7306
Fijación de la población	1/3	1/7	1	0,0810
CR	6,33%	< 5%		1,0000

Valor de uso directo 0,2139	Explotación agraria	0,2139	**0,2139**
Valor de uso indirecto 0,0418	Fijación de CO2	0,3125	**0,0131**
	Cortafuegos	0,3125	**0,0131**
	Protección erosión	0.3125	**0,0131**
	Corredores	0,0625	**0,00261**
Valor opcional 0,0566	Valor opcional	0,0566	**0,0566**
Valor de existencia 0,3037	Biodiversidad 0,1844		**0,056**
	Paisaje y Valor cultural 0,7306		**0,222**
	Fijación de la población 0,0810		**0,025**
Valor de legado 0,3839	Valor de legado	0,3839	**0,3839**

EXPERTO 2

Ponderación Criterios principales

	VUD	VUI	Valor Opción	VE	VF	VECTOR PROPIO
VUD	1	**1**	**1**	**1/5**	**1**	0,1185
VUI	1	1	**1/5**	**1/7**	**1**	0,0706
V O	1	5	1	**1**	**5**	0,2891
VE	5	7	1	1	**9**	0,4540
VF	1	1	1/5	1/9	1	0,0679
CR	8,62%	< 10%				1

Ponderación subcriterios del VUI

	Fijación CO2	Cortafuegos	Protección erosión	Corredores	VECTOR PROPIO
Fijación CO2	1	**1/9**	**1/3**	**1/5**	0,0455
Cortafuegos	9	1	**7**	**7**	0,6965
Protección erosión	3	1/7	1	**1**	0.1181
Corredores	5	1/7	1	1	0,1399
CR	7.01%	< 9%			1,0000

Ponderación subcriterios del Valor de Existencia

	Biodiversidad	Paisaje y valor cultural	Fijación de la población	VECTOR PROPIO
Biodiversidad	1	1	1/9	0,1040
Paisaje y valor cultural	1	1	1/5	0,1265
Fijación de la población	9	5	1	0,7695
CR	3,74%	< 9%		1,0000

Valor de uso directo 0,1185	**Explotación agraria** 0,1185	**0,1185**
Valor de uso indirecto 0,0706	**Fijación de CO2** 0,0455	**0,0032**
	Cortafuegos 0,6965	**0,0492**
	Protección_erosión 0,1181	**0,0083**
	Corredores 0,1399	**0,0098**
Valor opcional 0,2891	**Valor opcional** 0,2891	**0,2891**
Valor de existencia 0,4540	**Biodiversidad** 0,1040	**0,0472**
	Paisaje y valor cultural 0,1265	**0,057**
	Fijación de la población 0,7695	**0,3493**
Valor de legado 0,0679	**Valor de legado** 0,0679	**0,0679**

EXPERTO 3

Ponderación Criterios principales

	VUD	VUI	Valor Opción	VE	VF	VECTOR PROPIO
VUD	1	3	9	1	5	0,3830
VUI	1/3	1	5	1	5	0,2293
V O	1/9	1/5	1	1/9	1/7	0,0297
VE	1	1	9	1	3	0,2634
VF	1/5	1/5	7	1/3	1	0.0947
CR	9,61%	< 10%				1

Ponderación subcriterios del VUI

	Fijación CO_2	Cortafuegos	Protección erosión	Corredores	VECTOR PROPIO
Fijación CO_2	1	1/9	1	1	0,1061
Cortafuegos	9	1	5	3	0,6338
Protección erosión	1	1/5	1	1	0,1198
Corredores	1	1/3	1	1	0,1403
CR	4,36%	< 9%			1,0000

Ponderación subcriterios del Valor de Existencia

	Biodiversidad	Valor paisajístico	Fijación de la población	VECTOR PROPIO
Biodiversidad	1	1/3	1/9	0,0704
Valor paisajístico	3	1	1/5	0,1782
Fijación de la población	9	5	1	0,7514
CR	2,82%	< 5%		1,0000

Valor de uso directo 0,3830	**Explotación agraria** 0,3830	0,3830
Valor de uso indirecto 0,2293	**Fijación de CO2** 0,1061	0,024
	Cortafuegos 0,6338	0,1453
	Protección erosión 0,1198	0,0275
	Corredores 0,1403	0,0322
Valor opcional 0,0297	**Valor opcional** 0,0297	0,0297
Valor de existencia 0,2634	**Biodiversidad** 0,0704	0,0195
	Valor paisajístico y cultural 0,1782	0,047
	Fijación de la población 0,7514	0,1980
Valor de legado 0,0947	**Valor de legado** 0,0947	0,0947

Bibliografía:

-A.Vicente estruch Guitart, Jerónimo Aznar Bellver. Valoración de Activos Ambientales, Teoría y casos. Editorial Universidad Politécnica de Valencia. 2012

-Luís E. San Joaquín Polo. "Estudio del paisaje Cultural de la Vid y el Vino. Territorio Bobal", Mancomunidad del interior Tierra del vino. 2012

-Ferrán Gregori i Ferrer. Resumen del estudio del umbral de rentabilidad de una explotación vitivinícola en la Comarca de Utiel-Requena, concluisoes y propuesta de soluciones". La Unión de Agricultores y ganaderos. 2009

-Juan Doménech García. "La agricultura de la Rioja y el CO2". Servicio de Estadística y Planificación Agraria. Gobierno de la Rioja. 2011

-Determinación de los factores limitantes de una especie ligada a los medios agrícola de Navarra: la perdiz roja (Alectoris rufa)". Gobierno de Navarra

-Informe sobre la aplicación del Régimen de pago Único en la Campaña 2010 en España. FEGA, Ministerio de Agricultura, Alimentación y Medio Ambiente, Febrero 2012.

-Luis Vicente Elias. Paisaje del viñedo: patrimonio y recurso. Nº2 Revista Pasos, páginas 137-158. 2008

-Francisco Hernandez Bruz Vilanova. La perdiz Roja. Hojas divulgativas, Nº 12/90 HD. Ministerio de Agricultura, Alimentación y Medio Ambiente.

-Setos, linderos y setos de ribera. BCH. 98/99

-Plan General de Requena (Valencia). Ayuntamiento de Requena. Mayo 2008

-Informe de seguimiento del índice de estilo de estado de la red básica de Piezometría en el ámbito territorial de la Confederación Hidrográfica del Jucar, octubre 2012. Confederación Hidrográfica del Jucar.

-Diagnóstico Gobal, Tomo V, Agenda 21. Ayuntamiento de Requena.

-Anuario de Estadística 2011. Ministerio de Agricultura, Alimentación y Medio Ambiente.

www.ingramcontent.com/pod-product-compliance
Lightning Source LLC
Chambersburg PA
CBHW040905180526
45159CB00010BA/2937